普通高等教育"十一五"国家级规划教材配套教材
高等院校理工类"互联网+"规划教材

新形态教材

现代工程图学习题集

（第6版）

主　编　吕志鹏　杨裕根　诸世敏

本习题集资源使用说明

北京邮电大学出版社
·北京·

内容提要

本习题集是在第5版的基础上，根据最新的教学大纲修订而成的。本习题集与《现代工程图学》（第6版）配套使用，主要内容包括：制图的基本知识与技能，计算机绘图基础，点、直线、平面的投影，立体的投影，组合体的视图及尺寸标注，轴测投影，零件的表达方法，零件图，标准件及常用件，装配图，展开图等。

本习题集可与高等院校工程图学课程的教材配套使用，也可供学习工程图学课程的人员单独使用。

图书在版编目(CIP)数据

现代工程图学习题集 / 吕志鹏，杨裕根，诸世敏主编. -- 6版. -- 北京：北京邮电大学出版社，2024.

ISBN 978-7-5635-7344-8

Ⅰ. TB23-44

中国国家版本馆CIP数据核字第2024F6J873号

策划编辑：韩　霞　**责任编辑**：韩　霞　**封面设计**：广信达雅

出版发行：北京邮电大学出版社
社　　址：北京市海淀区西土城路10号(100876)
电话传真：010-82333010　62282185(发行部)　010-82333009　62283578(传真)
网　　址：www.buptpress.com
电子信箱：publish@bupt.edu.cn
经　　销：各地新华书店
印　　刷：鸿博睿特(天津)印刷科技有限公司
开　　本：787 mm×1 092 mm　1/8
印　　张：17.5
字　　数：227千字
版　　次：2003年7月第1版　2024年8月第6版
印　　次：2024年8月第1次印刷

ISBN 978-7-5635-7344-8　　**定价**：39.00元

前　言

本习题集是在第5版的基础上，根据最新的教学大纲修订而成的。本习题集与《现代工程图学》(第6版)配套使用，也可供学习工程图学课程的人员单独使用。

为便于组织教学，本习题集的编排顺序与教材结构体系基本保持一致，内容上既包含传统的尺规制图，同时也包含计算机绘图。本习题集涉及的国家标准是最新颁布的，所有题目的插图均由计算机精确绘制。此外，为了便于学生交作业，正文的装订处做了裁切线打孔设计。

与第5版相比，第6版主要作了如下调整：

(1)第1章调整了尺规作图的内容；

(2)第4、第6、第7、第8、第10章的内容进一步作了适当的优化；

(3)第5章中调整了题目的难易度，替换了难度较大的题目。

党的二十大报告强调"推进教育数字化"。教育数字化是教育教学活动与数字技术融合发展的产物，教材是教育教学的基本载体和关键支持。本习题集为新形态教材，配套了丰富的数字化教学资源和智慧教学平台，全面支持教师开展多种形式的教学活动。通过助学助教平台手机端APP扫描题目中的二维码，即可查看相应的可随意旋转和放大、缩小的三维模型，以帮助学生更好地理解题目，提高其学习兴趣和主动性。请扫描扉页中的二维码查看本习题集资源使用说明。

另外，为了配合多媒体教学，本习题集中所有题目均采用DWG格式，并配有电子课件，以方便教师讲解和分析习题。

本习题集由吕志鹏、杨裕根、诸世敏主编。在本习题集的编写过程中，同济大学制图教研室的其他老师提出了许多宝贵的意见，在此一并致谢。

由于编者水平有限，书中难免存在不足之处，恳请读者批评指正。

编　者

目　　录

1234567890　1234567890

制图校核比例件数学院专业班级

椭圆毫米厘设计描共第张系中级

1234567890　1234567890

左右前后主俯仰侧视投影长宽高

尺寸内外厚薄轴测平立球环顶底

1234567890　1234567890

剖切断面局部旋转放大向视图形

高低分寸重件零装条件投影注明

ABCDEFGHIJKLMNOPQRSTUVWXYZØ

密封环焊铆联结热处理弹簧镀铬

调质渗碳涂料滑板图号校核院系

ABCDEFGHIJKLMNOPQRSTUVWXYZØ

零件钻角紧固技术要求未注均为

钢板铸铁青黄铜铝铅锌铬矩明时

abcdefghijklmnopqrstuvwxyz

名称序号材料备注装配示意展开

固定紧密松动滑块焊接转轴第张

1-2 制图的基本知识与技能——线型、比例、斜度、锥度练习

姓名　　班级　　学号

1. 在指定位置按图样所示补画各种图线。

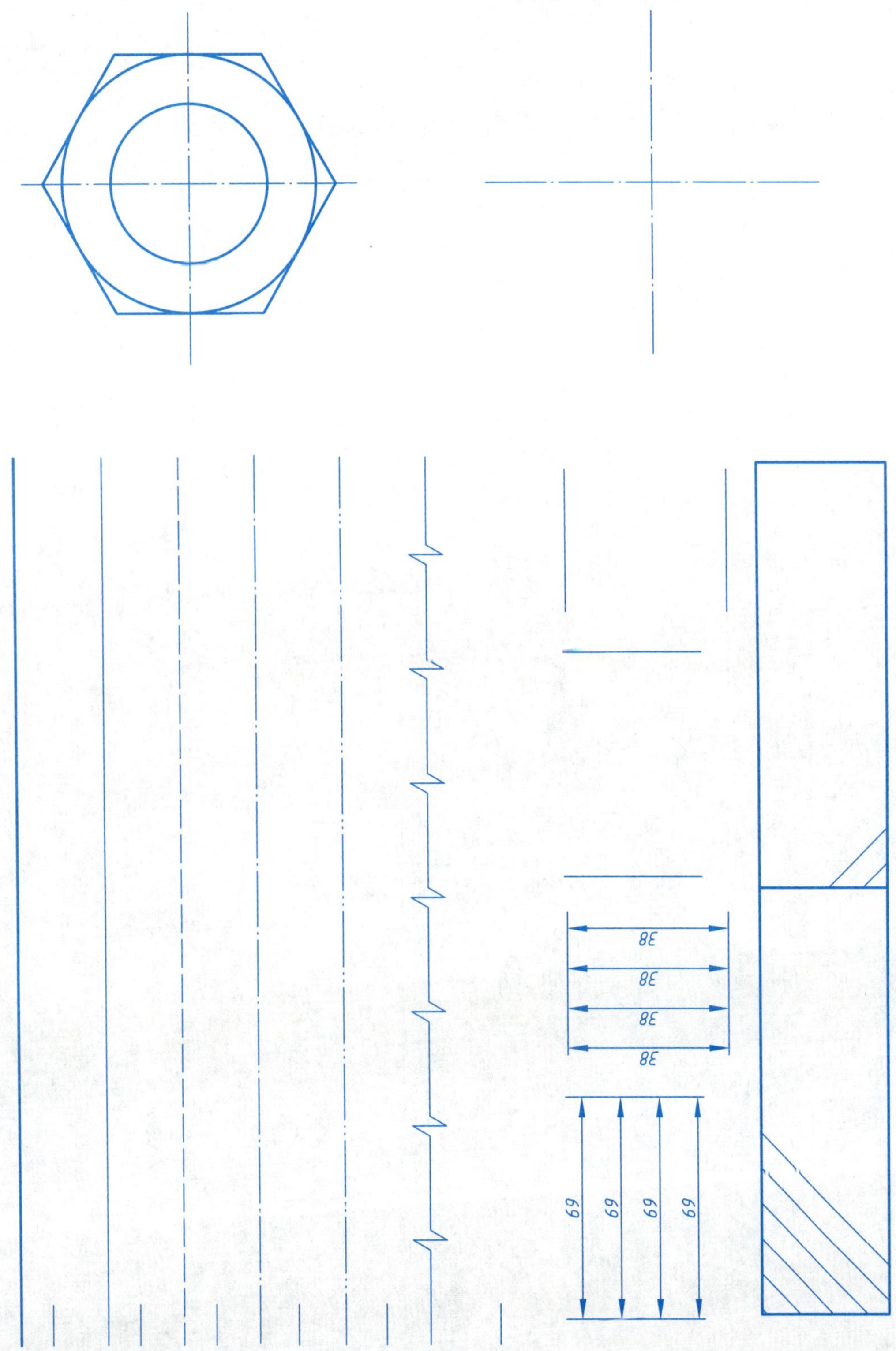

3. 按给定尺寸，作出已知的斜度和锥度。

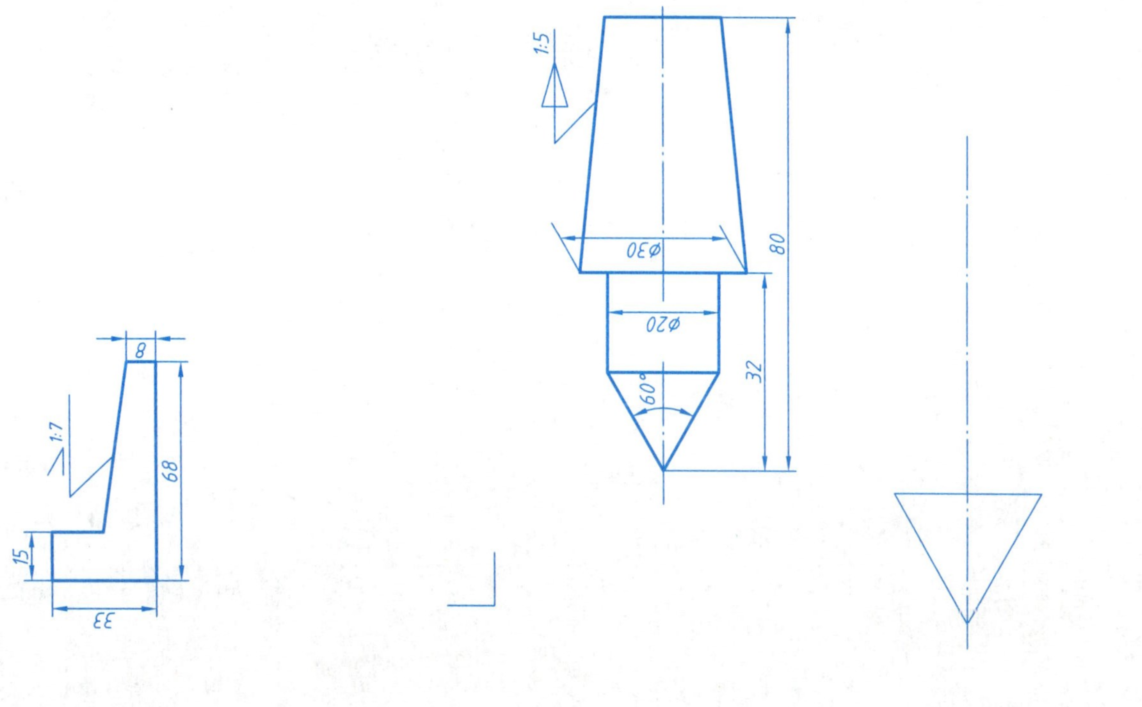

2. 参照图样给出的尺寸，按1:2的比例在指定位置画出图样，并标注尺寸。

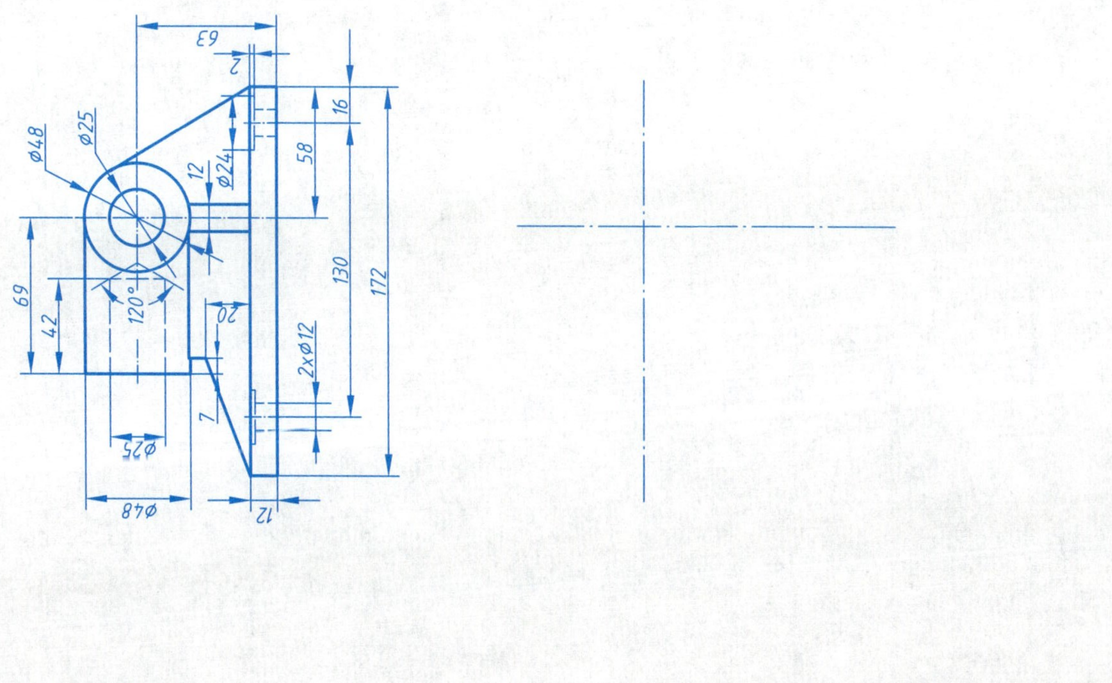

1. 按1:2的比例抄画下列图形(不标注尺寸)。

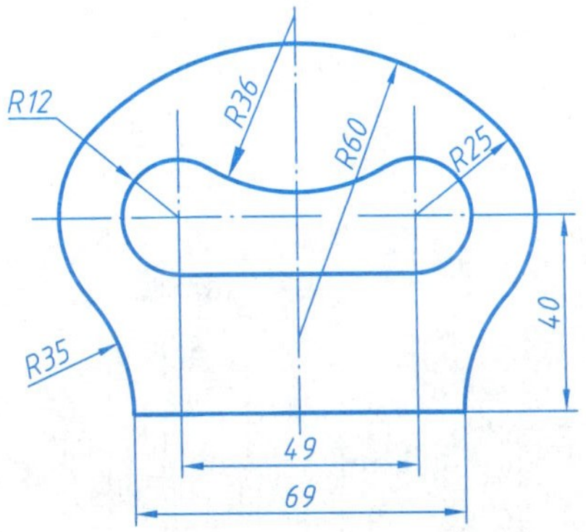

3. 按1:1的比例将下列图形抄画在A4图纸上(图名：基本练习)。

(1)

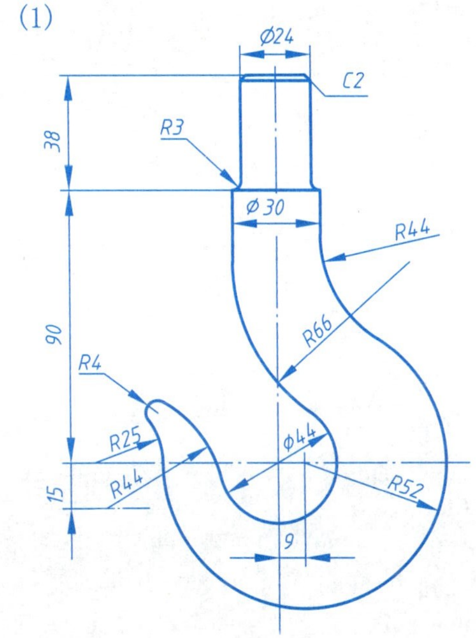

(2)

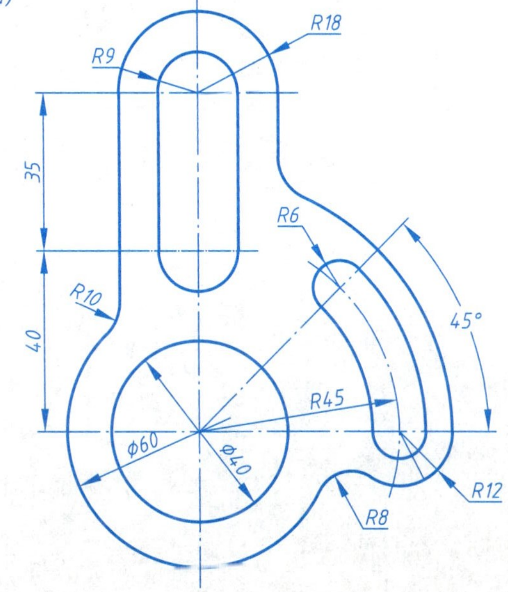

2. 标注下列平面图形的尺寸(尺寸数值直接从图形中量取，取整数)。

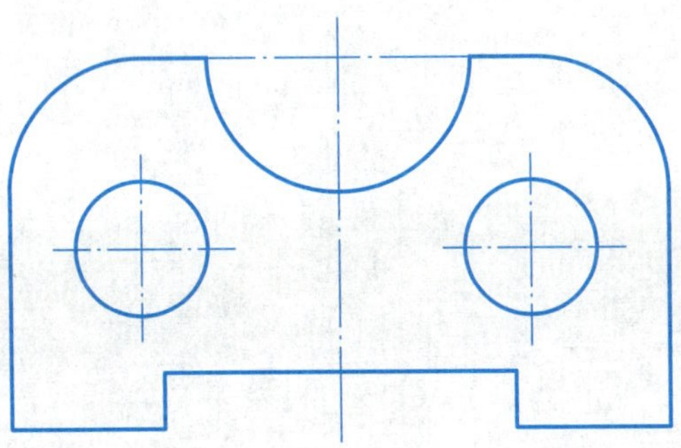

4. 徒手绘图练习(在右边的方格纸上徒手绘制下面的图形，不标注尺寸)。

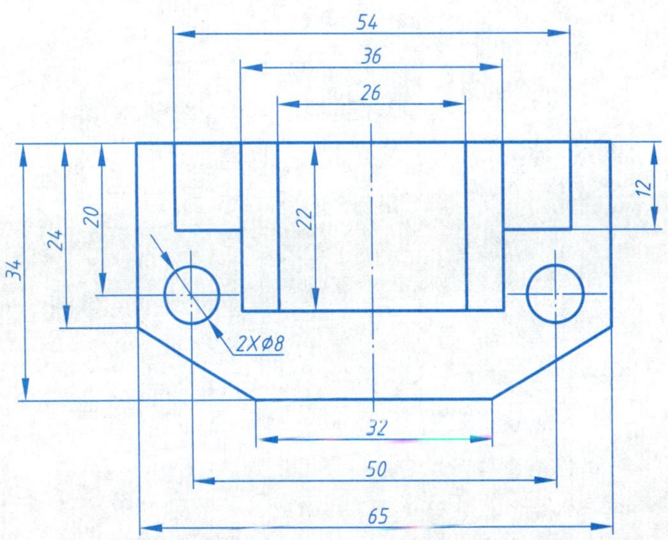

绘制平面图形（不标注尺寸）。要求使用 acadiso.dwt 样板图，正确设置图层、线型和颜色及字体样式。

1.

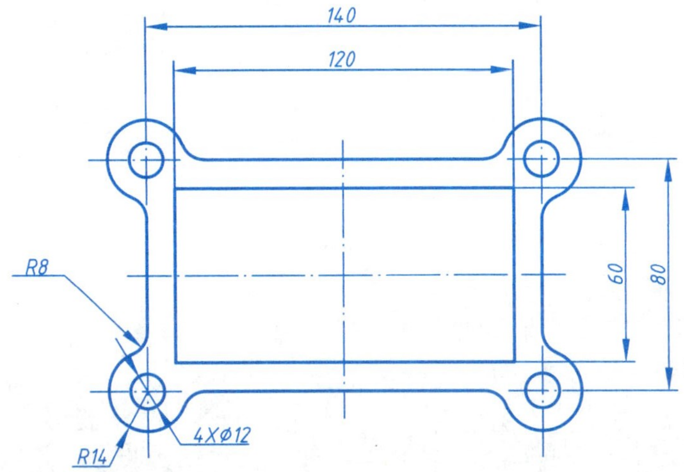

2.

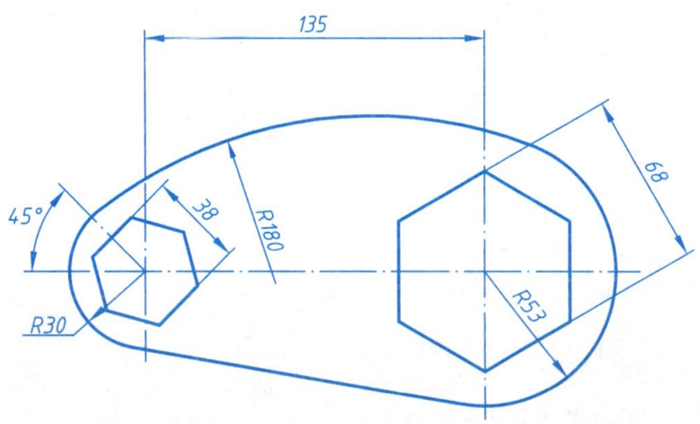

3.

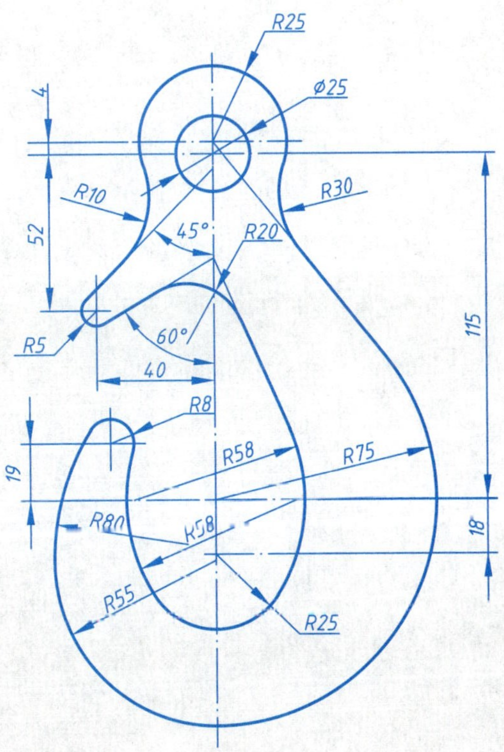

4.

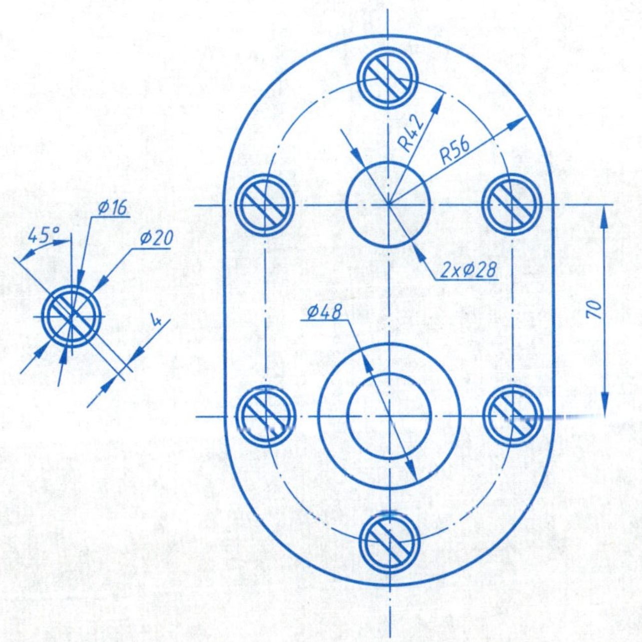

5.

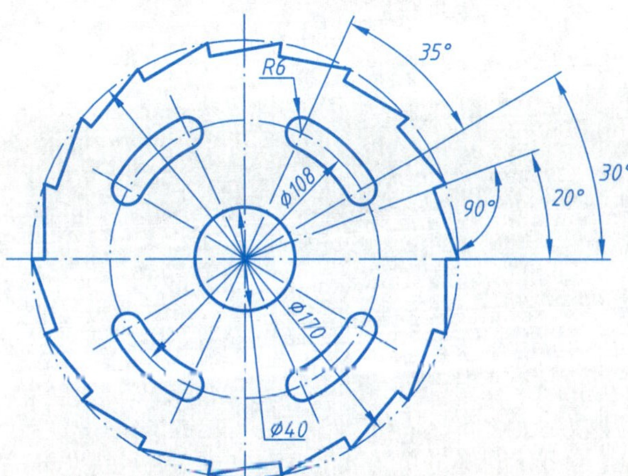

3-1 点的投影

姓名　　　　班级　　　　学号　　　　

1. 指出下列各点的空间位置(投影空间、投影面上和投影轴上)。

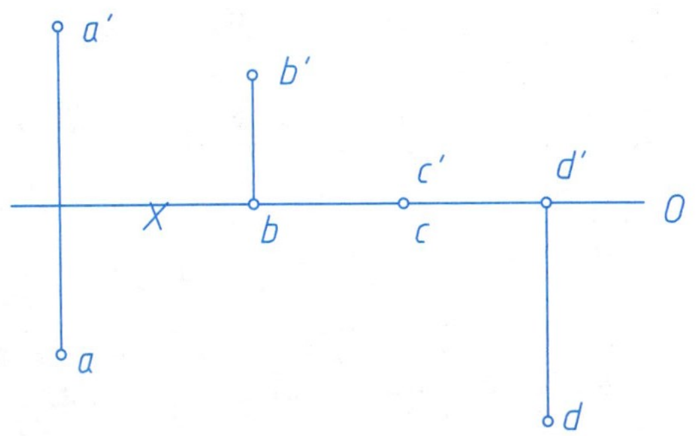

点A在________　　点B在________

点C在________　　点D在________

2. 由下列立体图作出各点的三面投影。

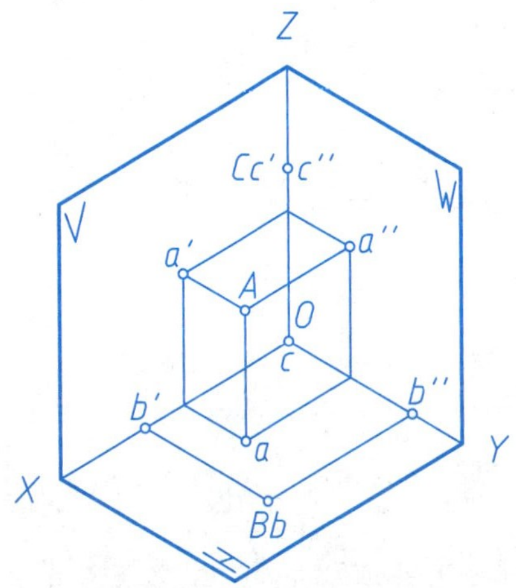

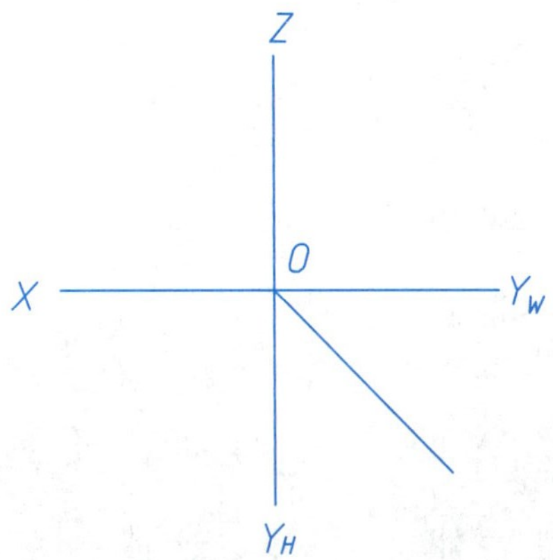

3. 已知点A的坐标为(12，10，25)，点B在点A的左方10 mm，下方15 mm，前方10 mm处；点C在点A的正前方15 mm处，求各点的三面投影。

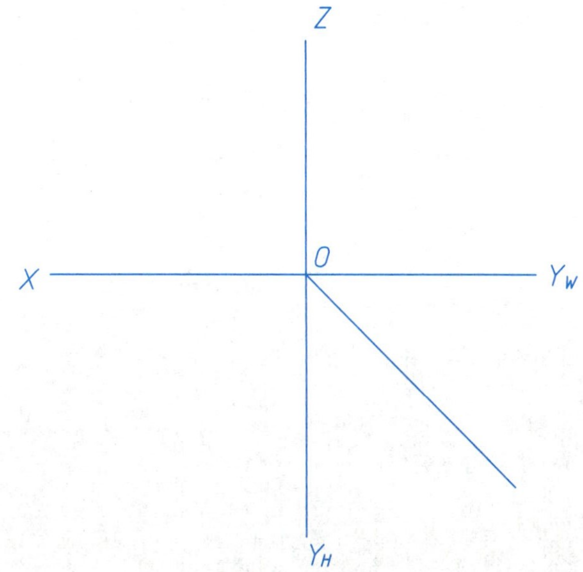

4. 已知点A的侧面投影为a″，点A距W面的距离为25 mm，求作a、a′。

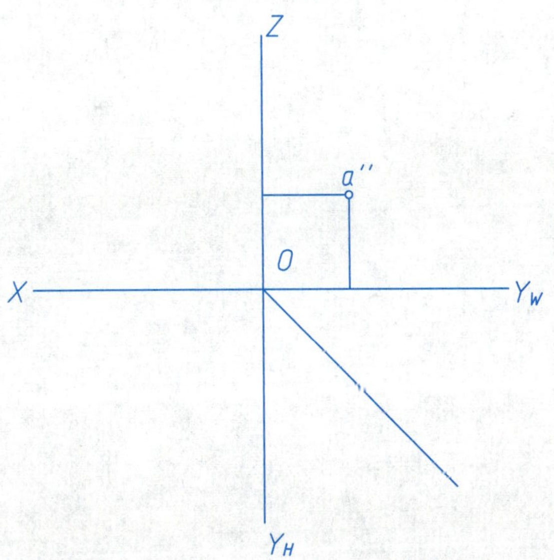

5. 已知点B距离点A 15 mm；点C与点A是对V面投影的重影点。补全各点的三面投影，并判别其可见性。

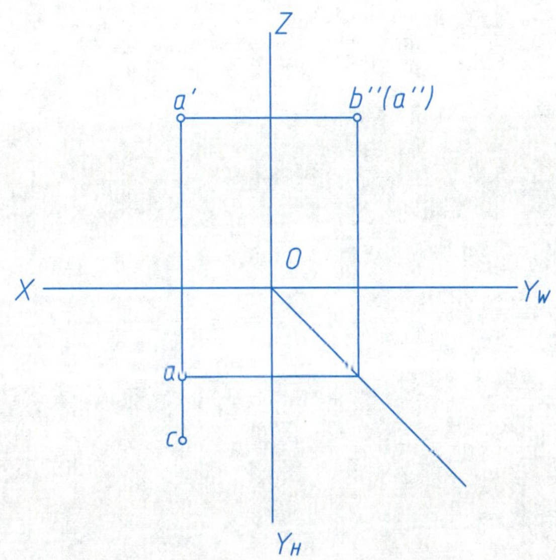

6. 已知点A、B、C、D的两面投影，求作它们的第三面投影。

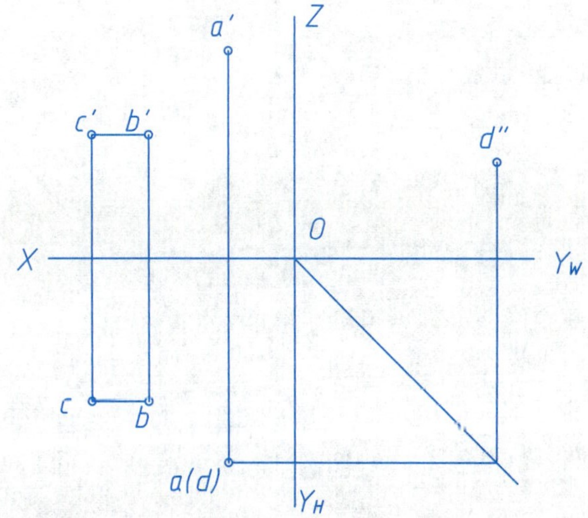

1. 画出下列直线段的第三面投影，并判别其相对投影面的位置。

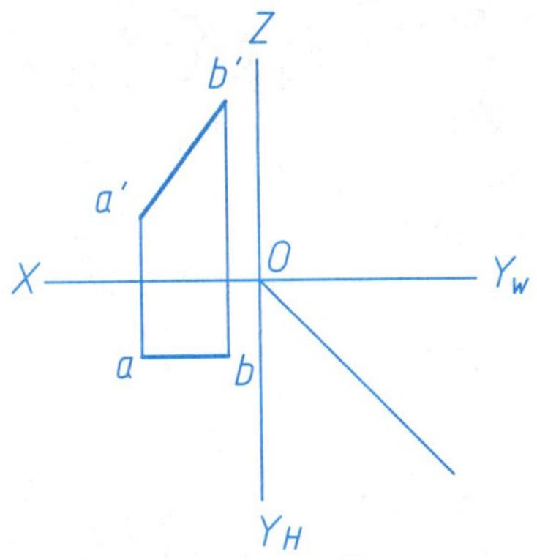

（1）______线

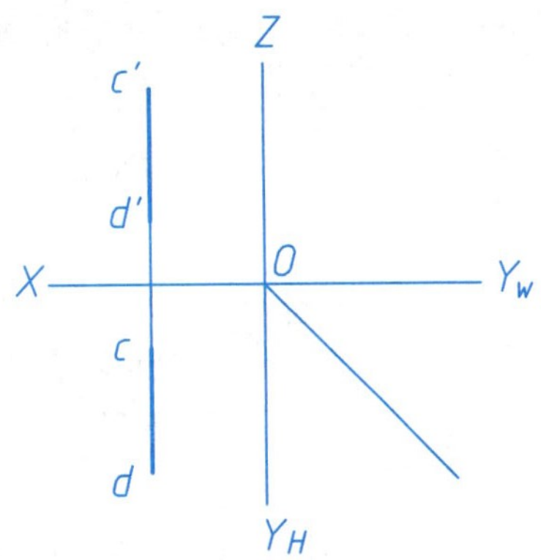

（2）______线

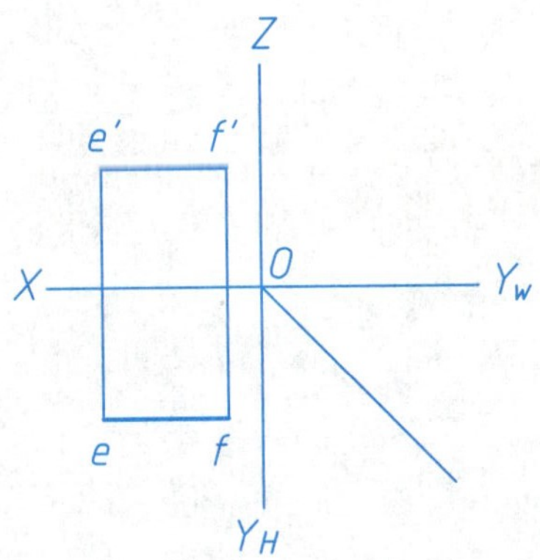

（3）______线

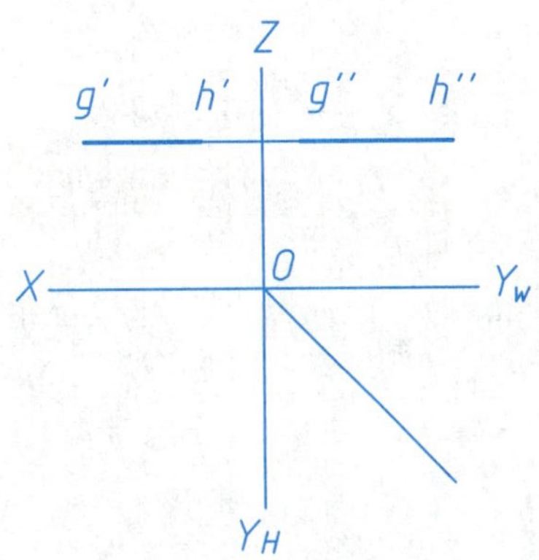

（4）______线

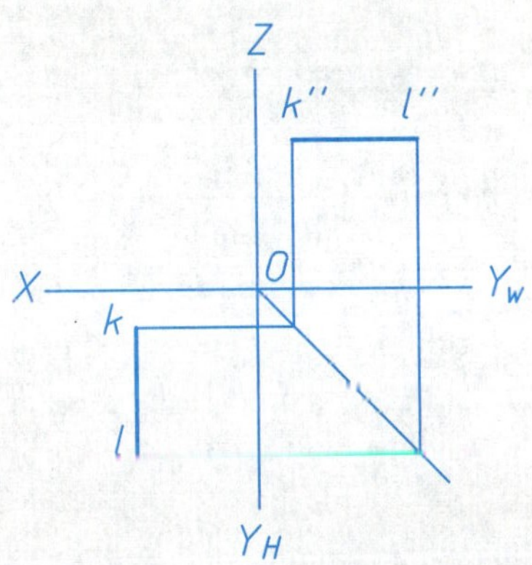

（5）______线

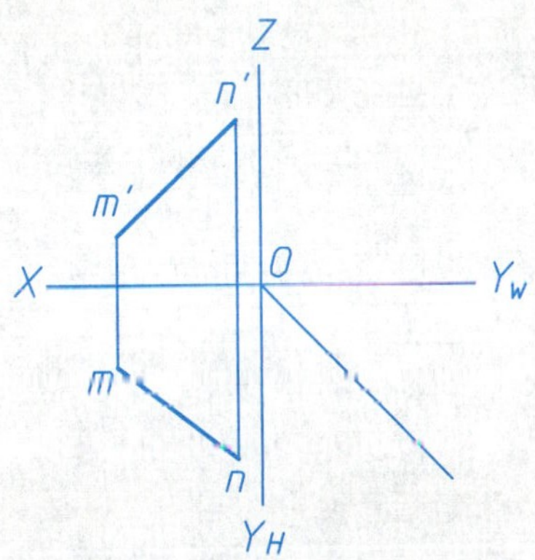

（6）______线

2. 作出下列直线的三面投影。

(1) 正平线AB，点B在点A的右上方，$\gamma=30°$，$AB=20$ mm。

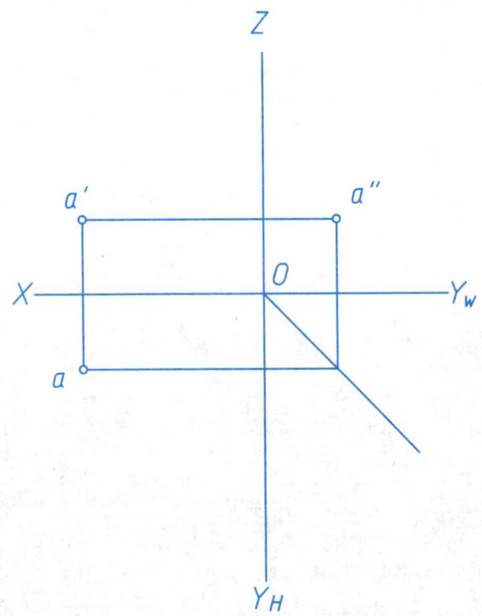

(2) 正垂线CD，点D在点C之后，$CD=18$ mm。

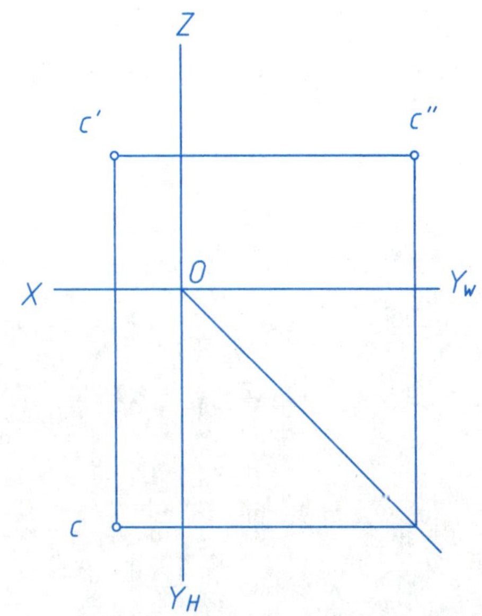

3. 已知一正平线EF在正面之前20 mm处，求作它的其余两投影，并在其上取一点K，使$EK=20$ mm。

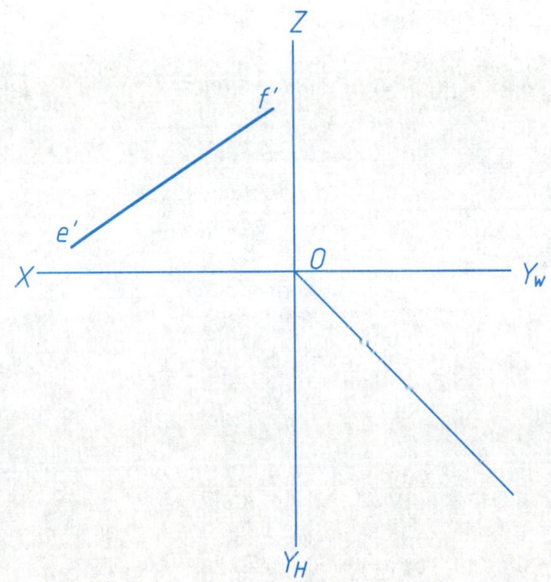

4. 在直线AB上取一点 K，使 $AK:KB=3:2$；在直线CD上取一点E，使$CE:ED=2:1$。

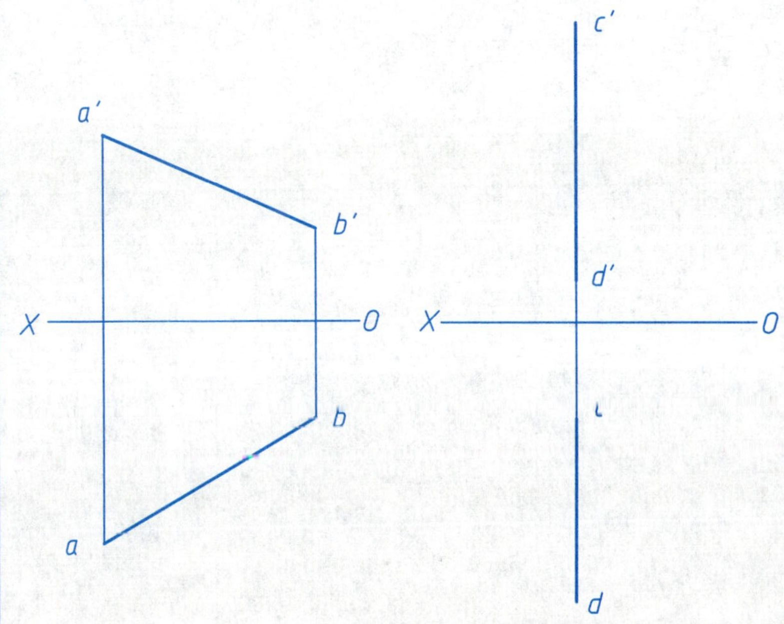

5. 判别直线AB和CD的相对位置（平行、相交、交叉）。

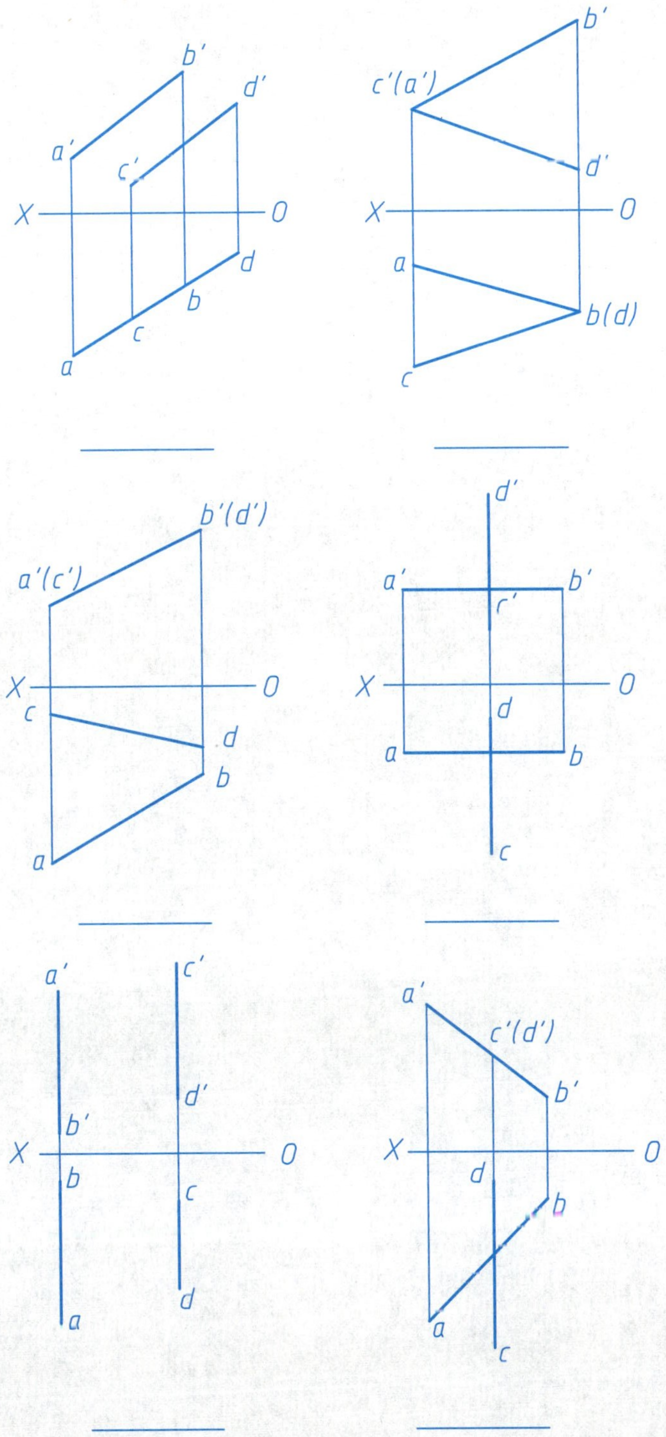

6. 作一正平线MN，使其与已知直线AB、CD和EF均相交。

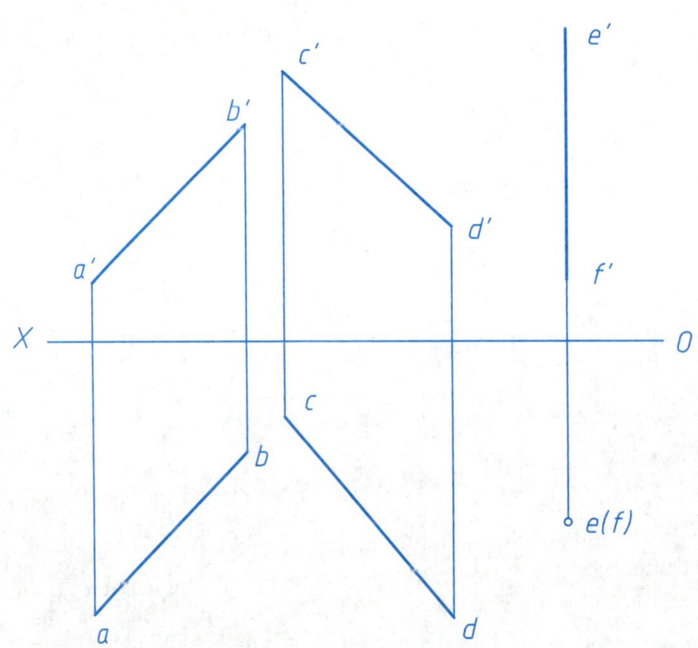

7. 作一直线L，使其分别与直线AB、GH相交，并与直线MN平行。

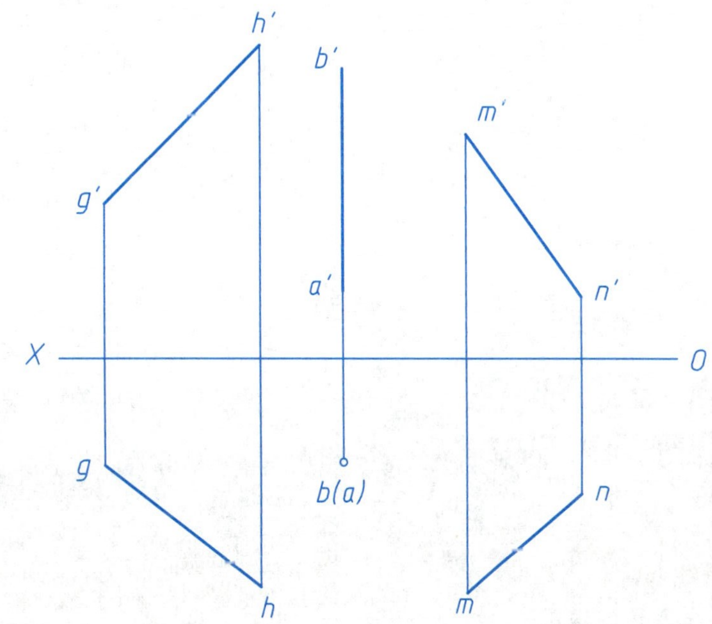

8. 由点A作直线AB与直线CD相交，并使交点距H面12 mm。

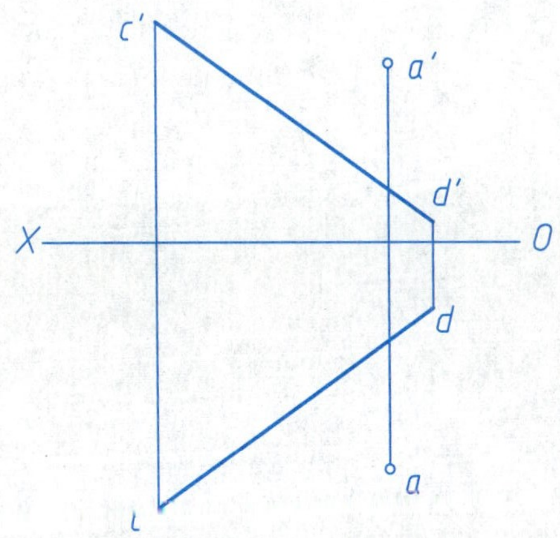

9. 在直线AB、CD上作对正面投影的重影点E、F和对侧面投影的重影点M、N的二面投影，并表明可见性。

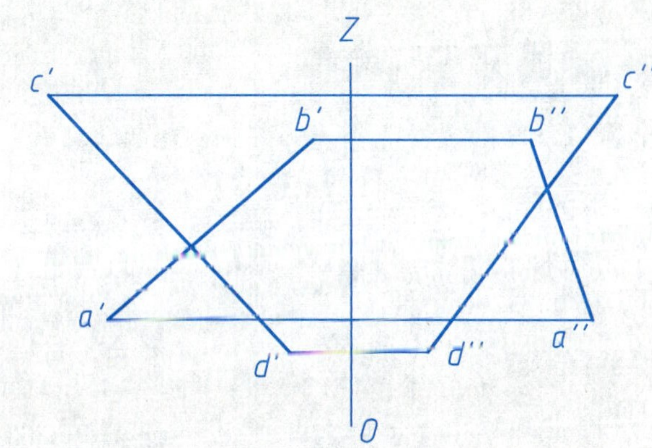

3-3 平面的投影(一)

姓名　　　　班级　　　　学号

1. 判断下列各图中的平面是什么位置的平面。

(1)

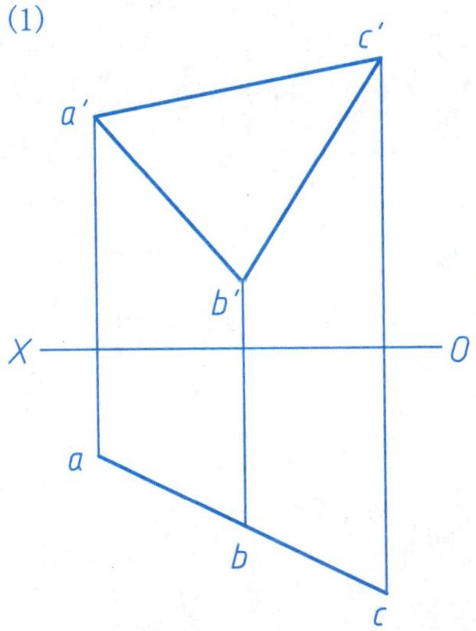

△ABC是________面

(2)

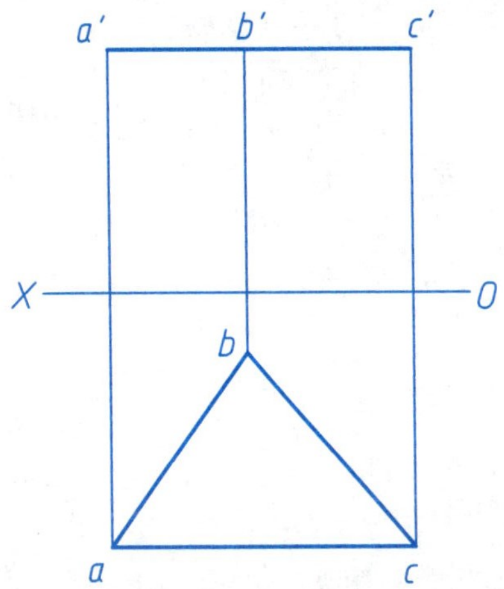

△ABC是________面

(3)

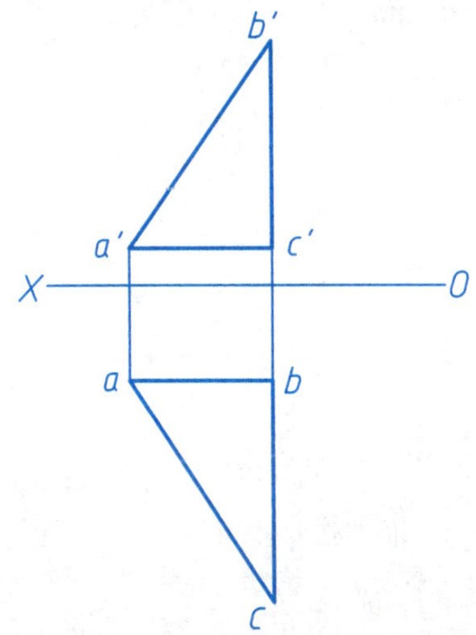

△ABC是________面

(4)

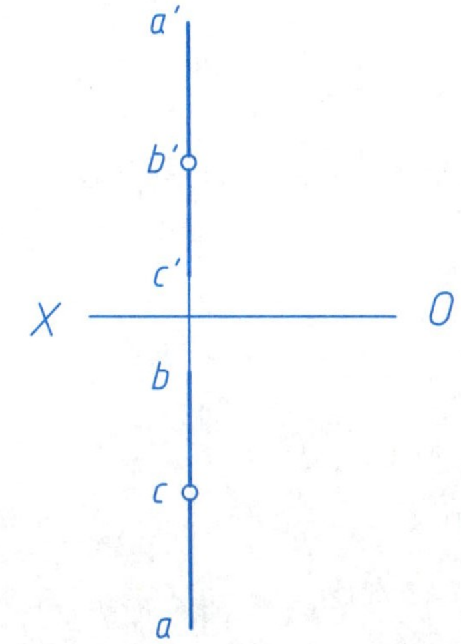

△ABC是________面

2. 已知平面图形的两面投影，求作第三面投影，并判断平面的空间位置。

(1)

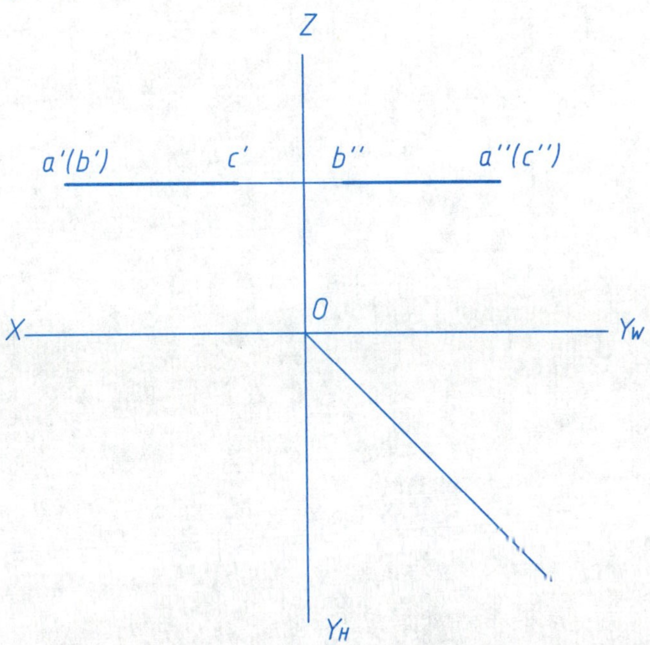

三角形是______面

(2)

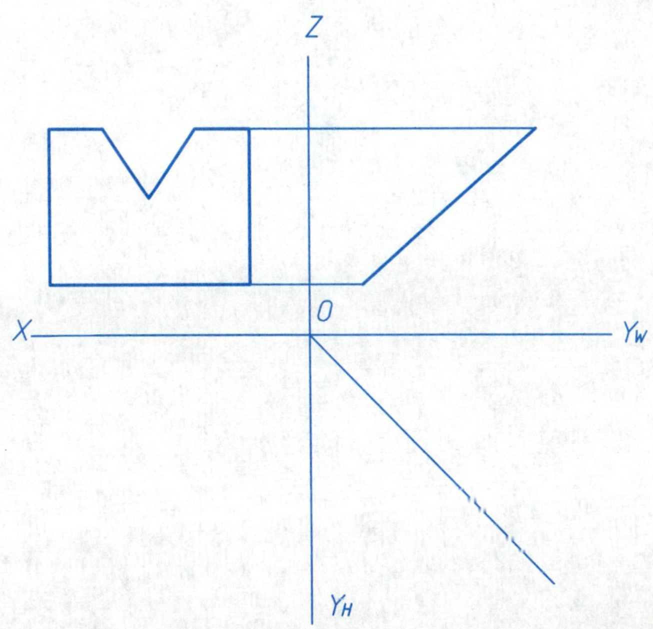

平面图形是______面

3. 已知矩形$ABCD\perp H$面，β=45°，完成其水平投影。

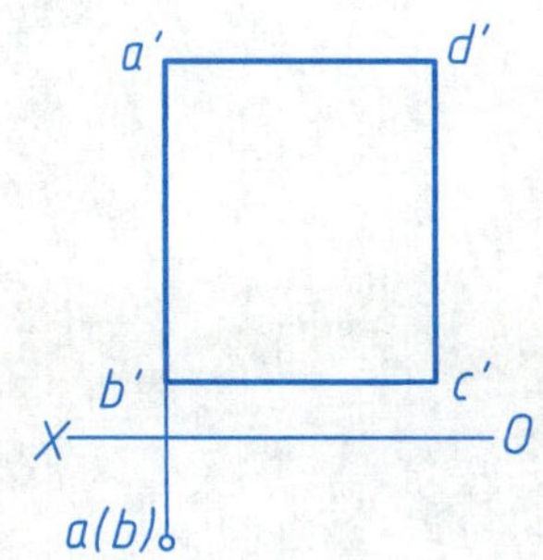

3-3 平面的投影（二）　　姓名　　班级　　学号　　9

4. 作出△*ABC*平面内△*DEM*的水平投影。

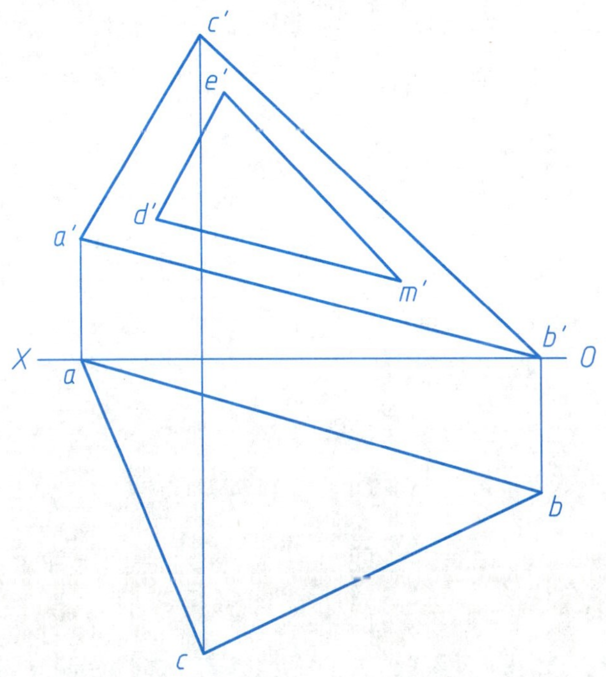

5. 完成平面图形*ABCDEF*的正面投影。

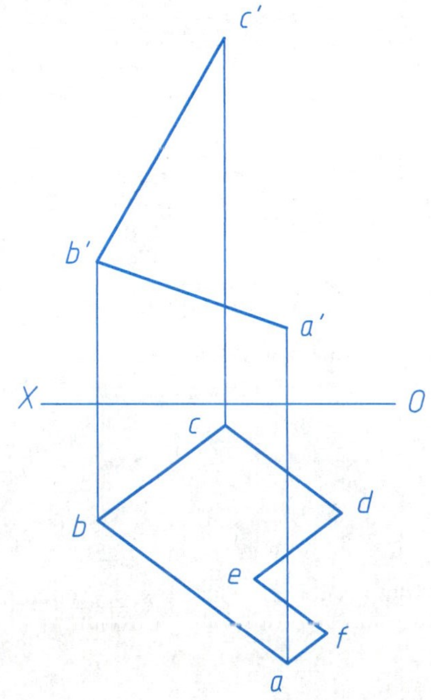

6. 已知平面*ABCD*的边*BC*∥*H*面，完成其正面投影。

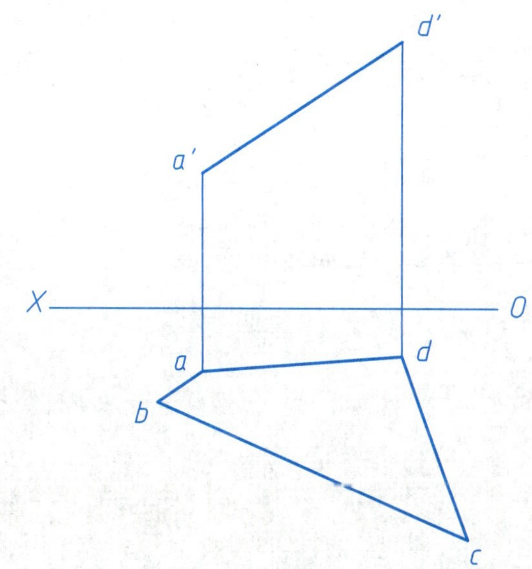

7. 判断点*K*是否在平面上。

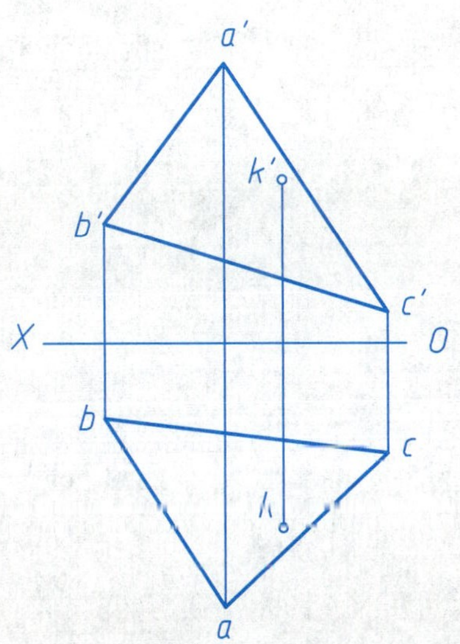

（在，不在）

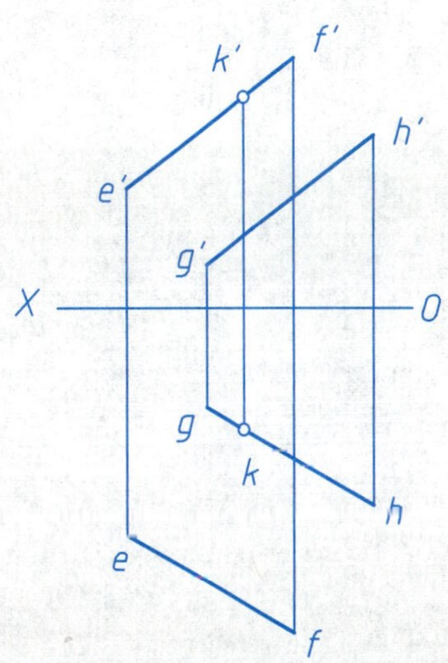

（在，不在）

8. 分别求平面上点*K*与点*N*的另一投影。

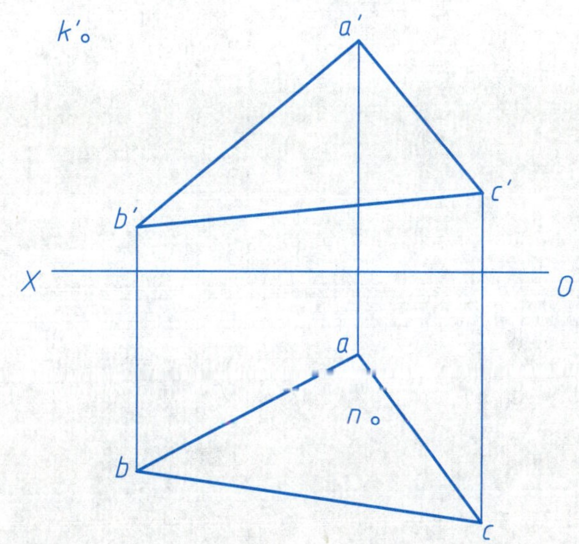

1. 作出五棱柱的侧面投影，并补全其表面上点A、B、C、D的三面投影。

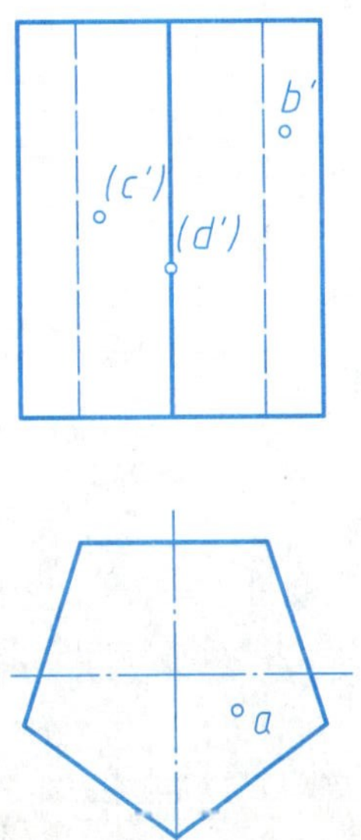

2. 作出三棱锥的侧面投影，并补全其表面上点A、B、C、D的三面投影。

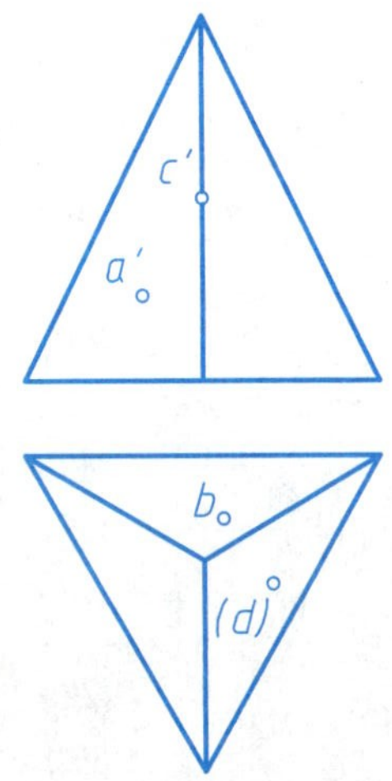

3. 作出四棱台的侧面投影，并补全其表面上点A、B、C、D的三面投影。

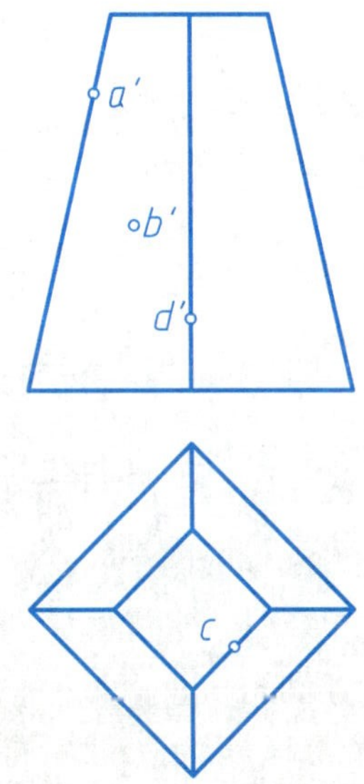

4. 作出四棱锥被截切后的水平投影和侧面投影。

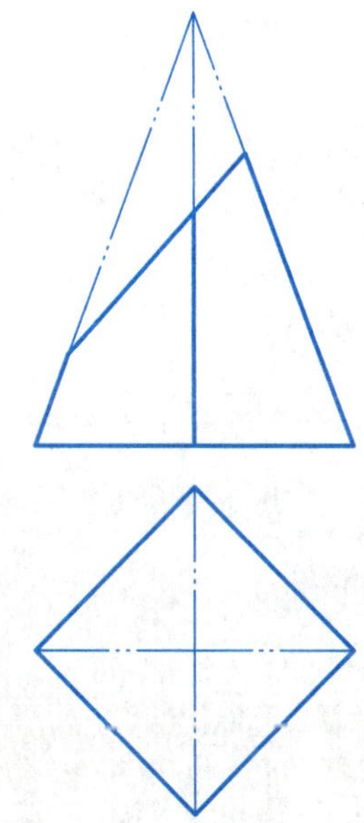

5. 作出三棱柱被截切后的侧面投影。

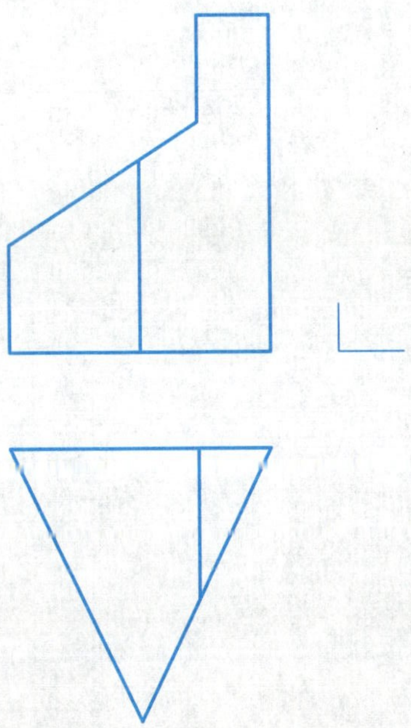

6. 作出立体的水平投影。

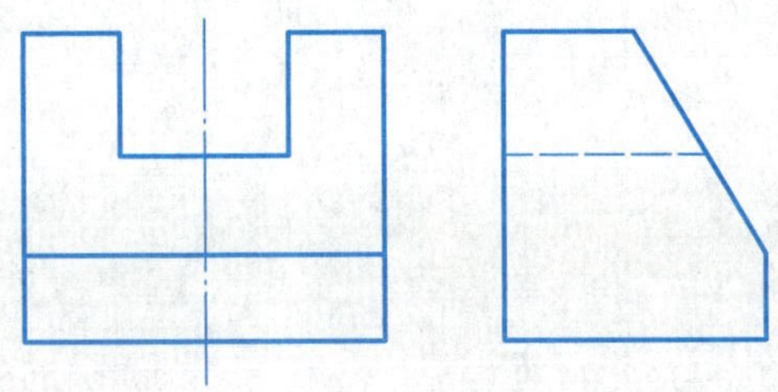

7. 作出立体的侧面投影。

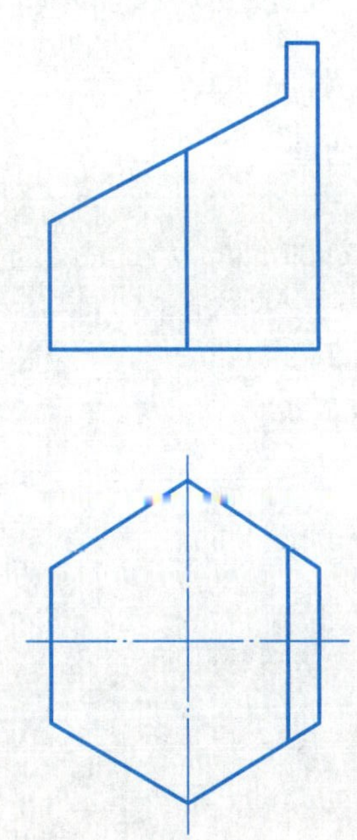

8. 作出带有矩形穿孔的三棱柱的侧面投影。

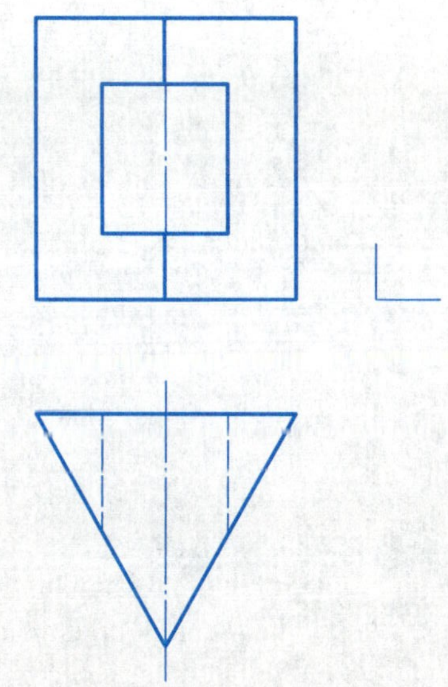

1. 作出圆柱的水平投影，补全其表面上各点的三面投影。

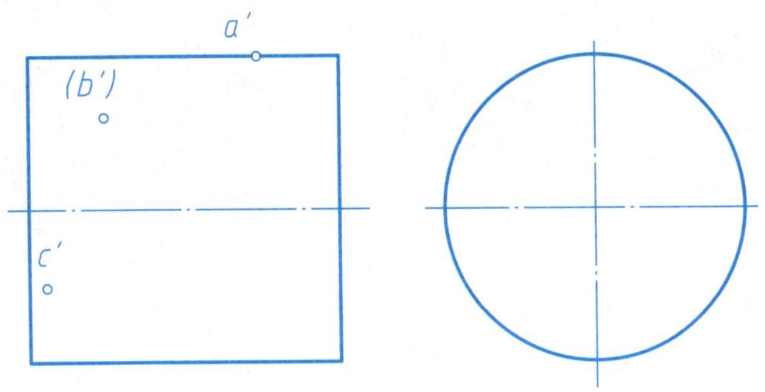

2. 作出圆锥体的水平投影，补全其表面上各点的三面投影。

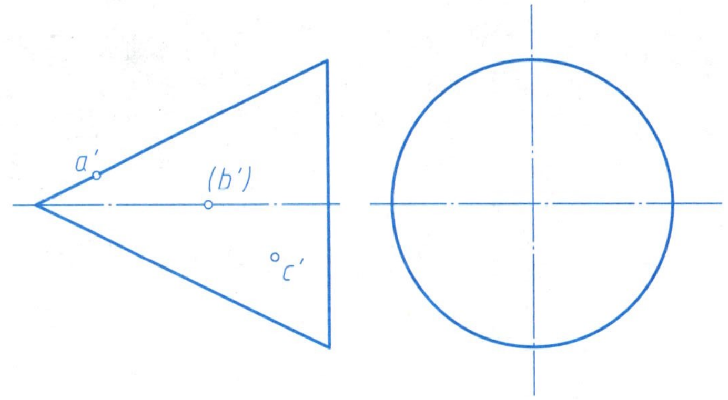

3. 补全球表面上各点的三面投影。

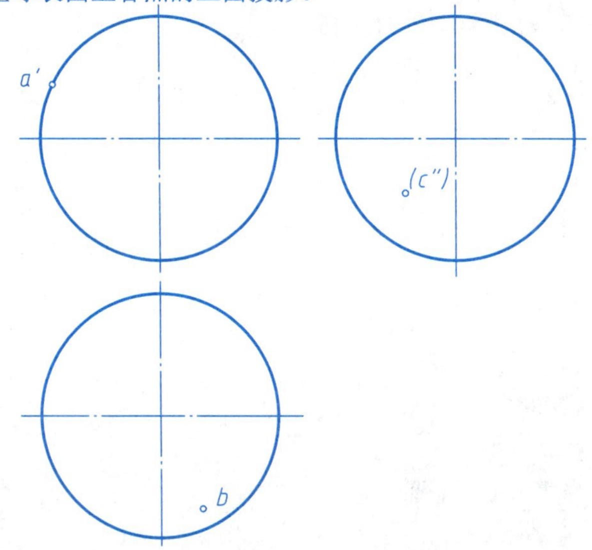

1. 求作水平投影。

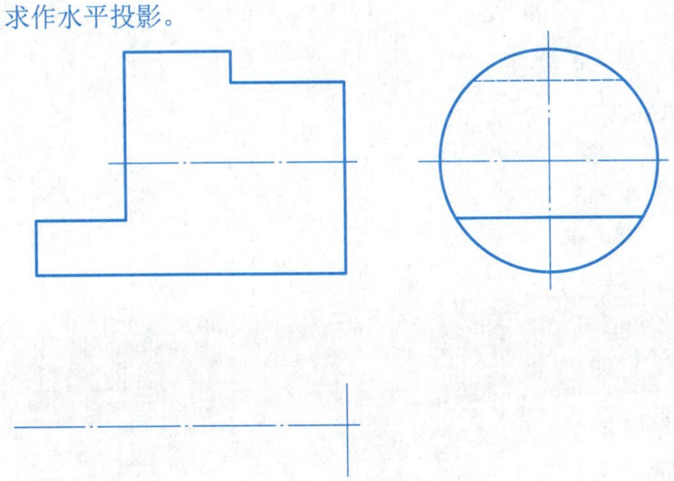

2. 完成圆柱穿孔后的侧面投影。

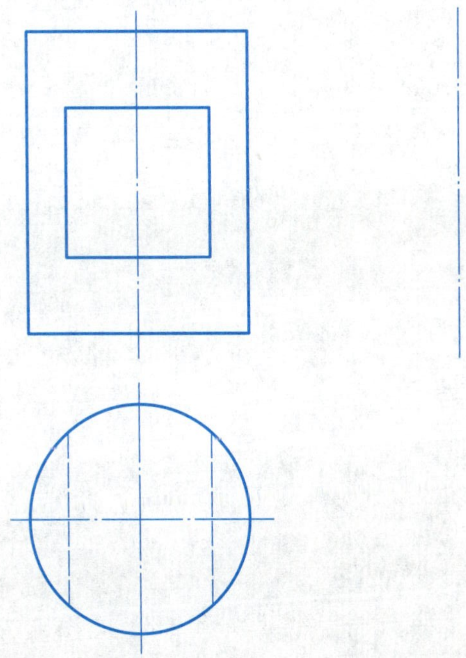

3. 完成圆柱被截切后的水平投影。

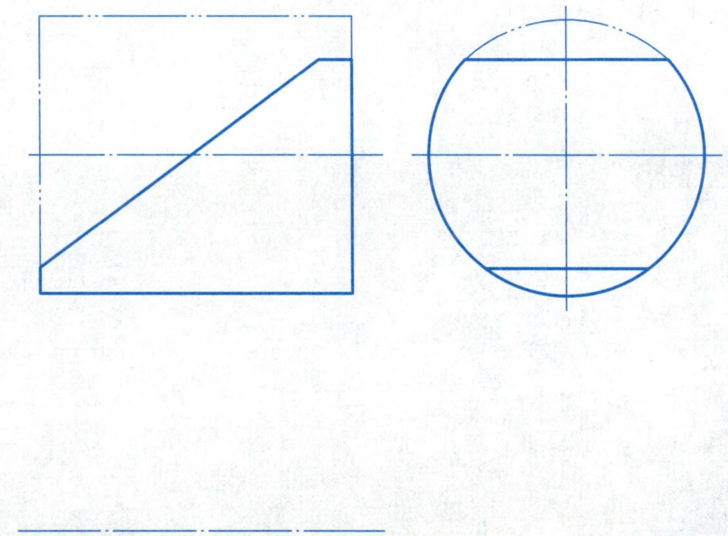

4-3 平面与曲面立体相交（二）

姓名　　　　班级　　　　学号　　　　

4. 完成立体的侧面投影。

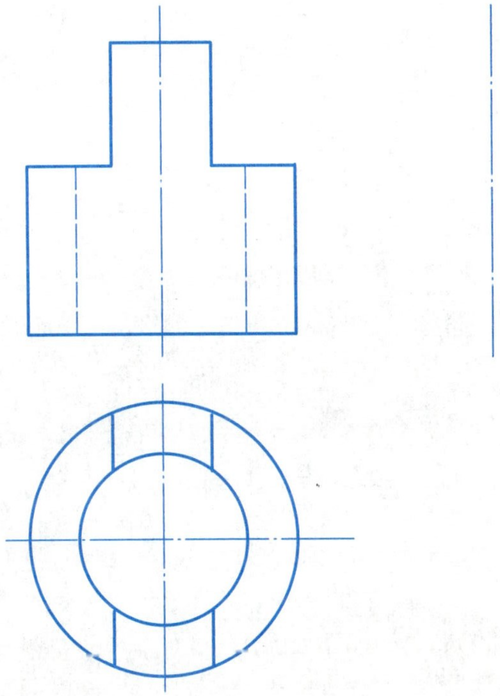

5. 完成立体的侧面投影。

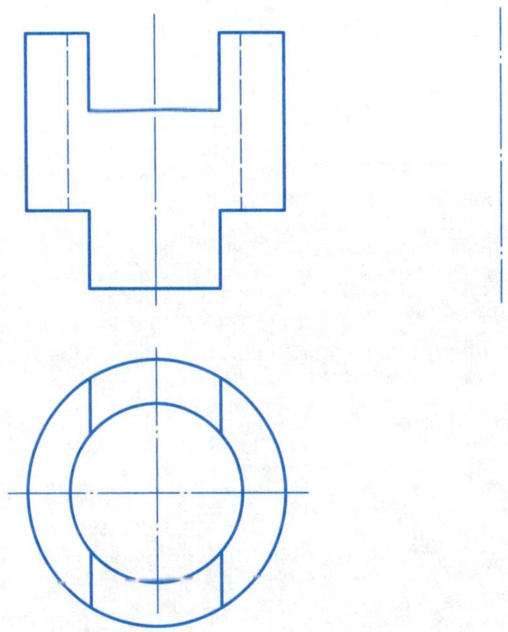

6. 完成圆锥被截切后的水平投影和侧面投影。

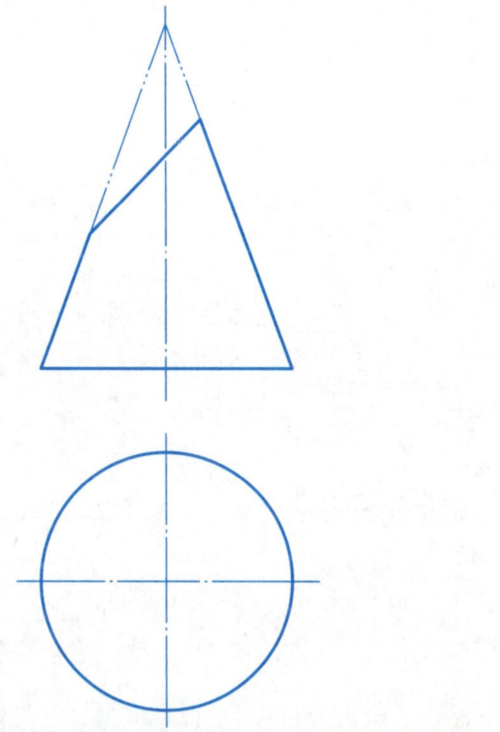

7. 完成圆锥被截切后的水平投影和侧面投影。

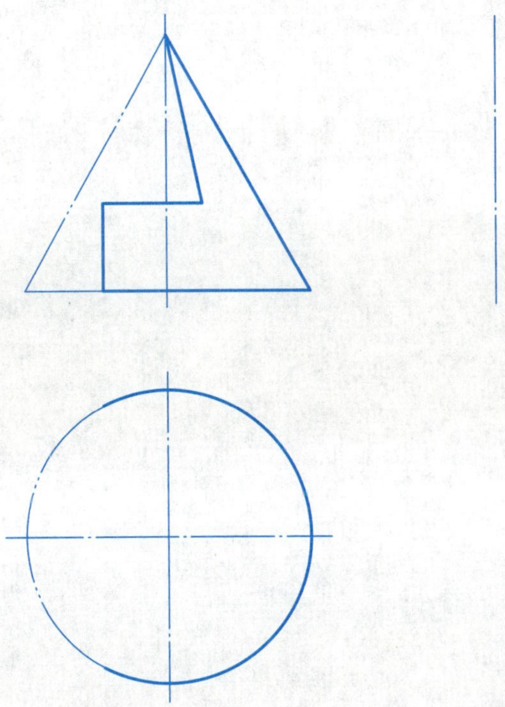

8. 完成半圆球被截切后的水平投影和侧面投影。

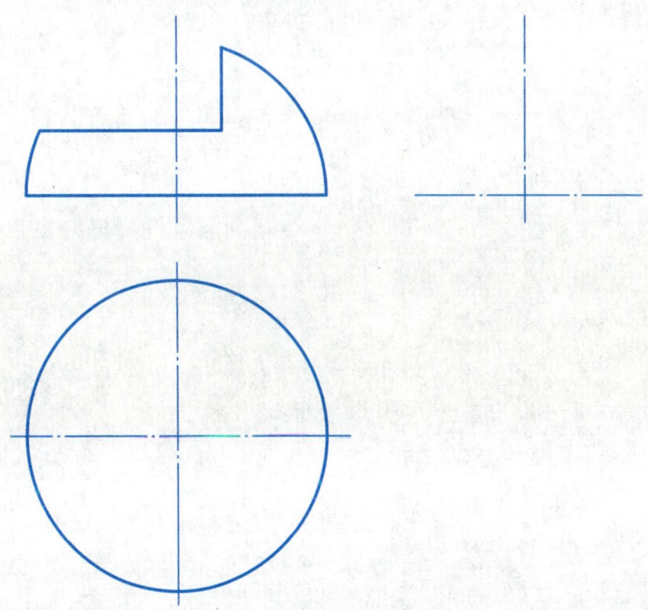

9. 完成球体被截切后的水平投影。

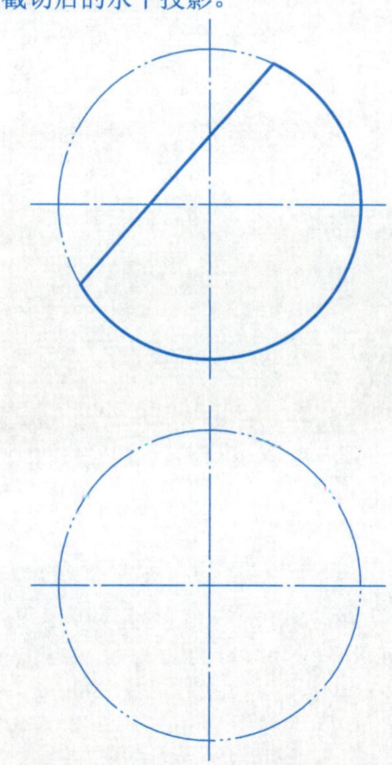

10. 作组合回转体被截切后的水平投影。

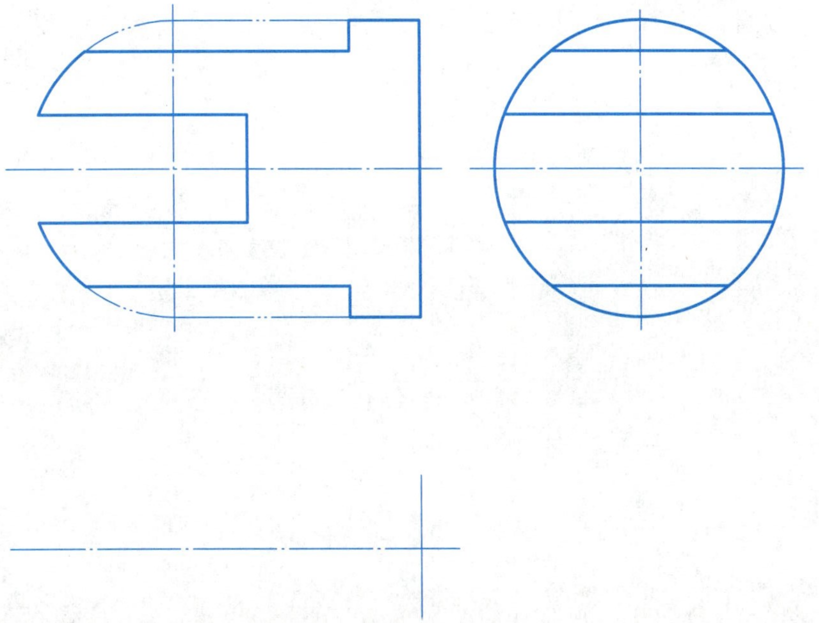

11. 画出顶尖的水平投影。

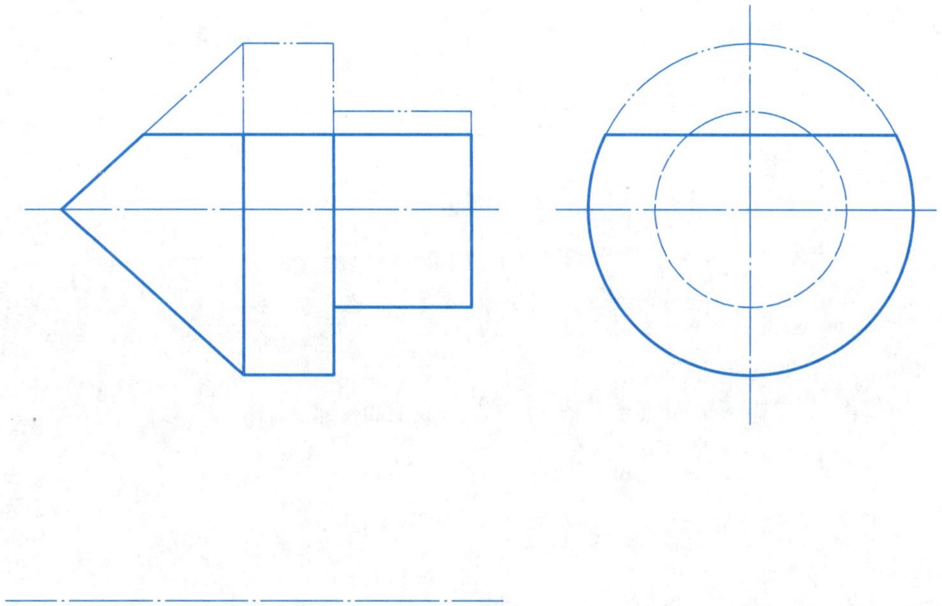

1. 补全立体的侧面投影。

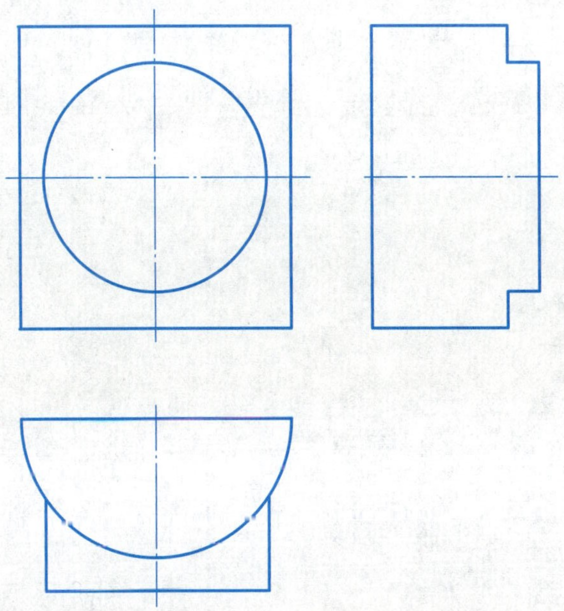

2. 补全立体的水平投影。

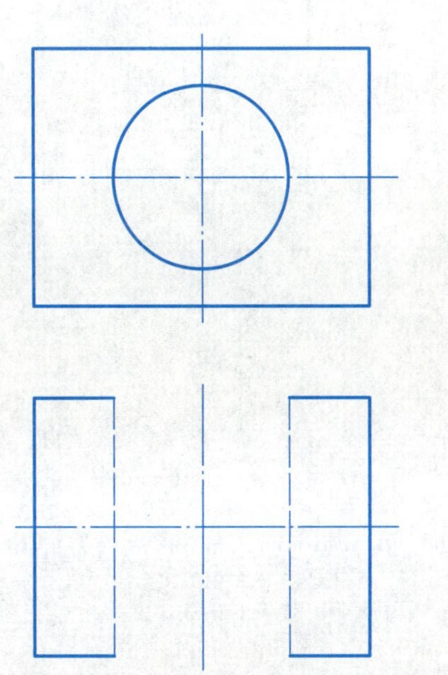

3. 补全立体的正面投影。

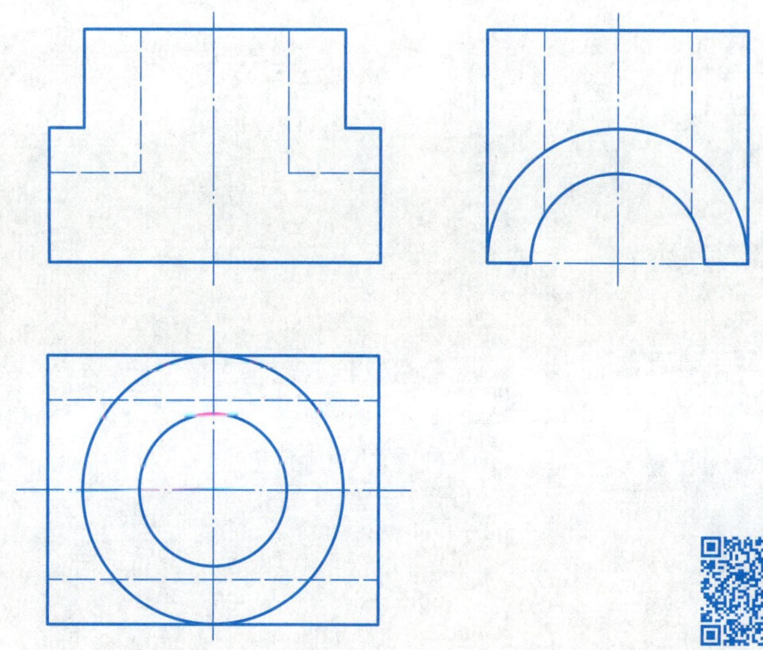

4. 补全穿孔圆柱表面交线的投影。

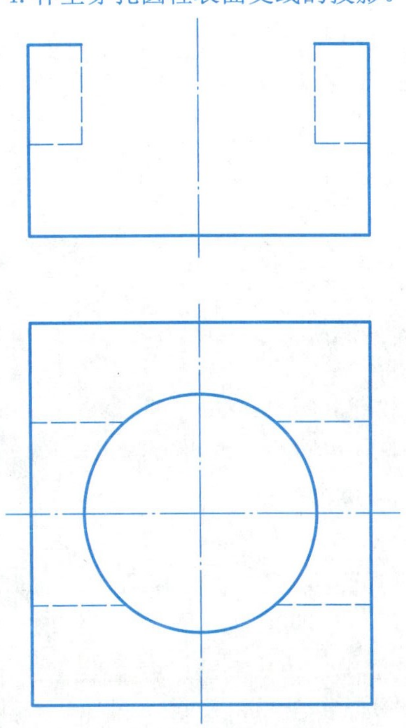

5. 补全穿孔圆柱表面交线的投影。

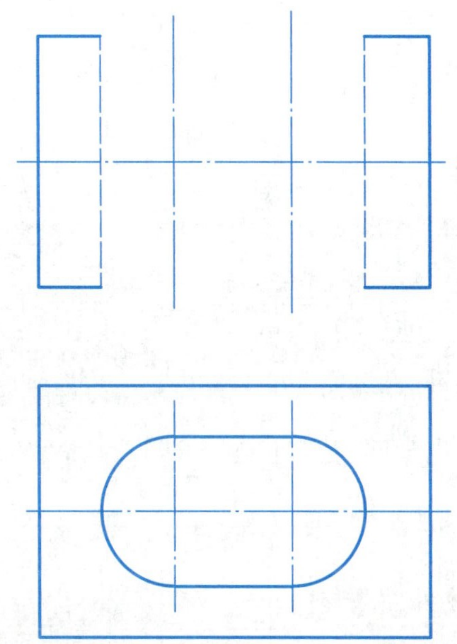

6. 完成圆柱与圆台相贯后的正面投影和水平投影。

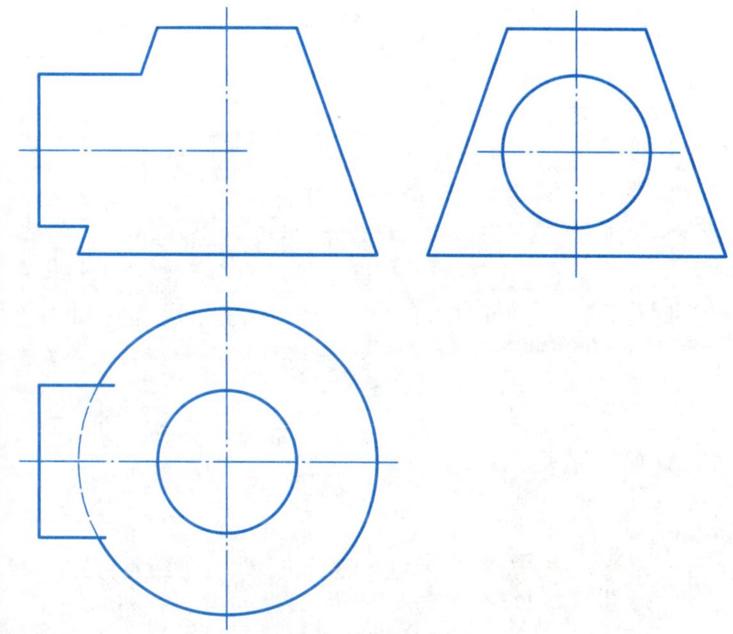

7. 完成圆柱与半球相贯后的水平投影和正面投影。

8. 补全三面投影(形体提示:带有轴线为铅垂线和侧垂线的两个圆柱形通孔的球体)。

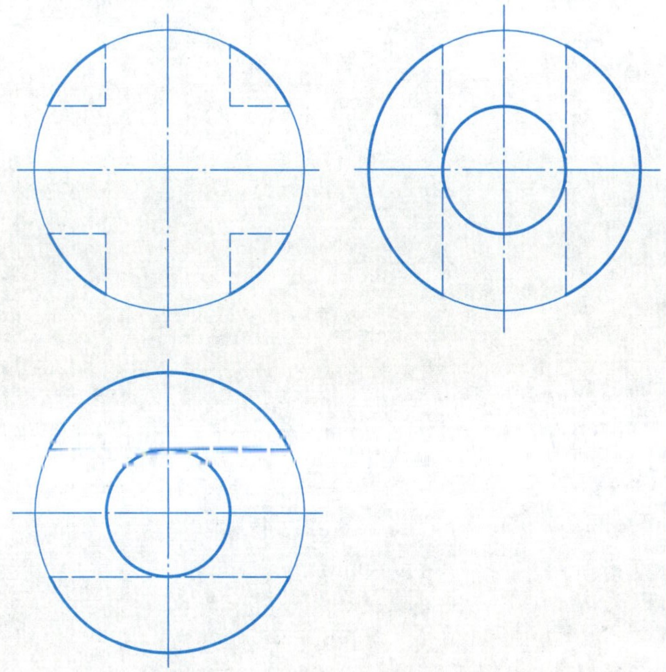

9. 求作正面投影。

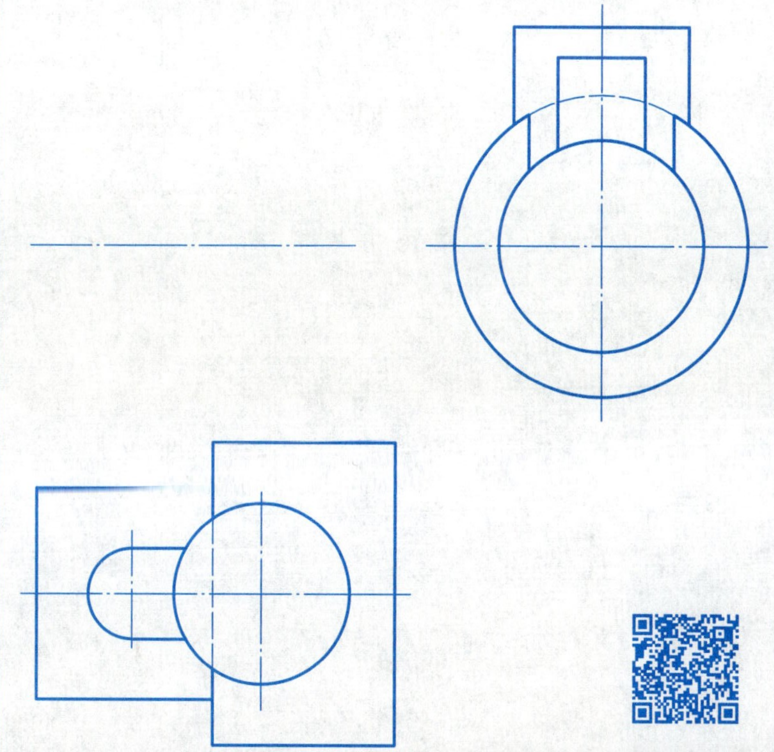

5-1 根据轴测图补画视图中所缺图线

姓名　　班级　　学号

1.

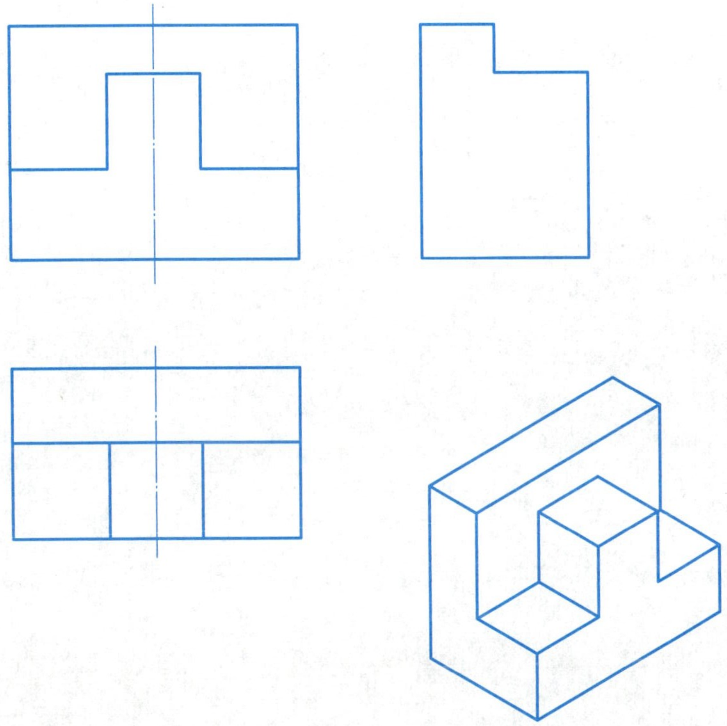

2.

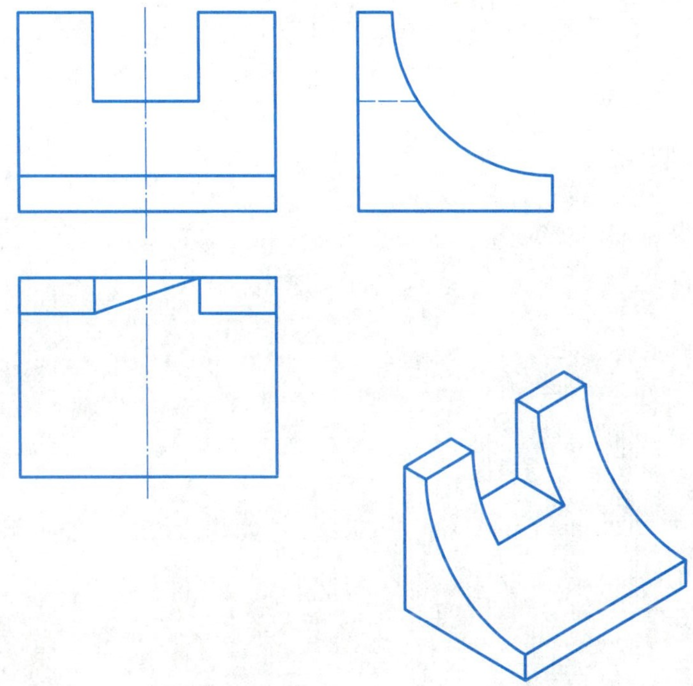

3.

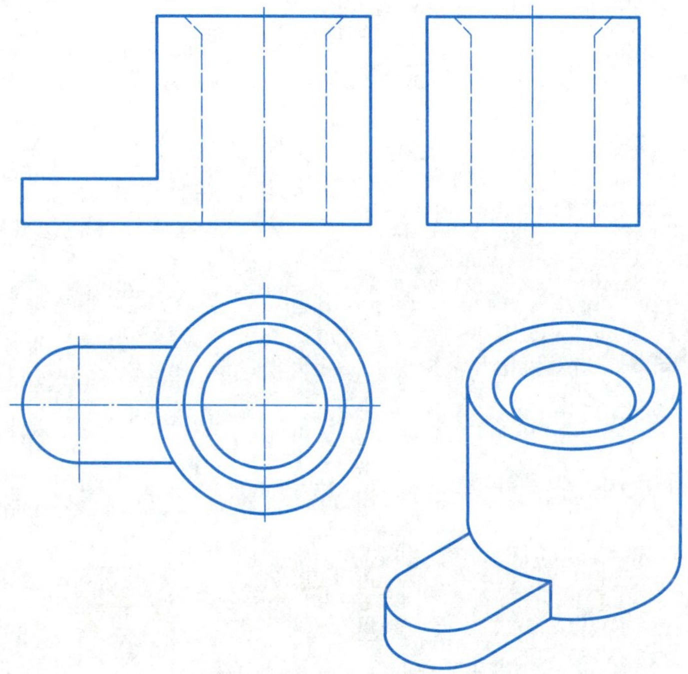

4.

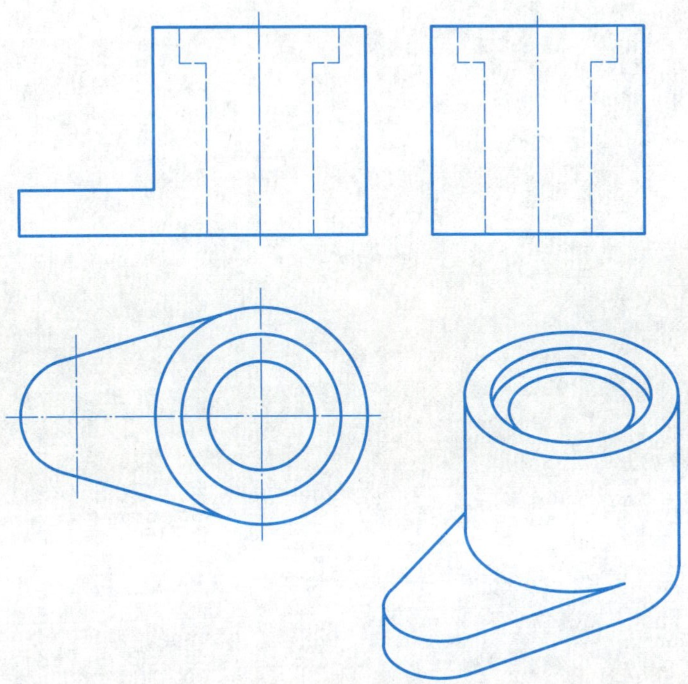

5.

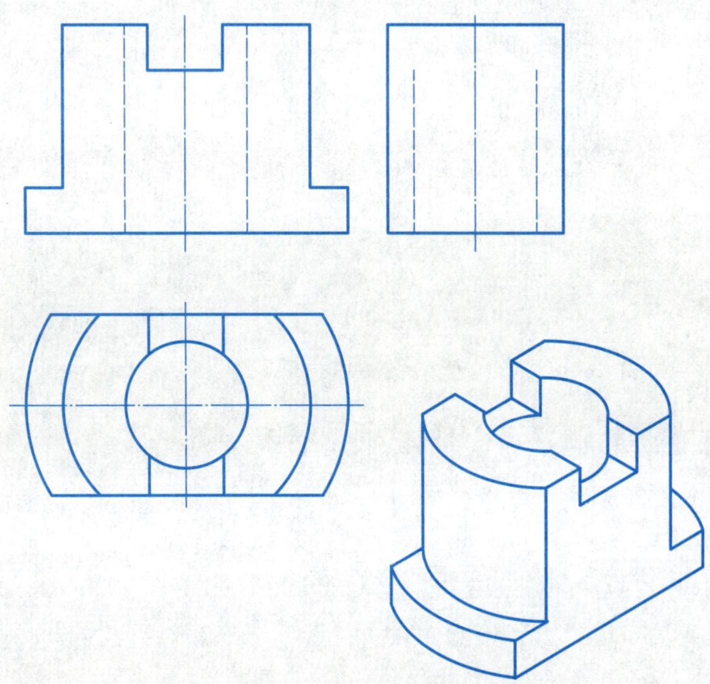

6.

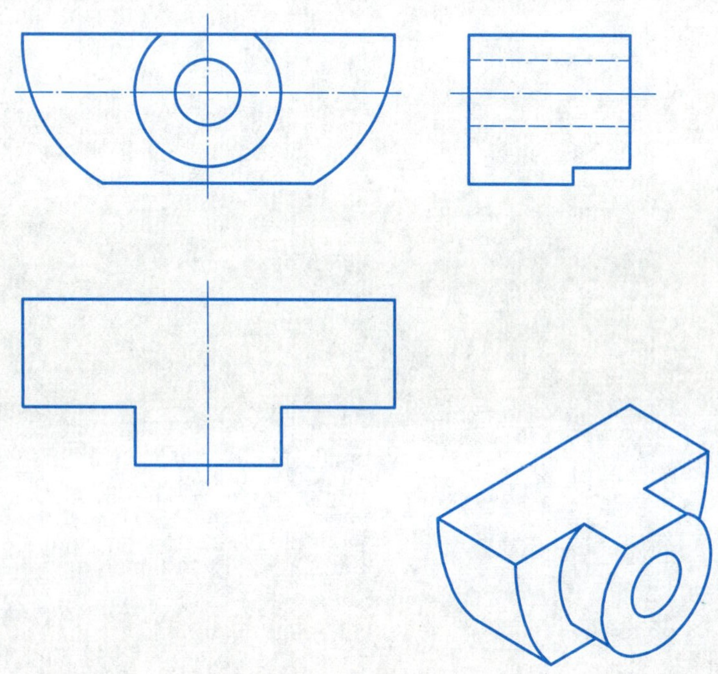

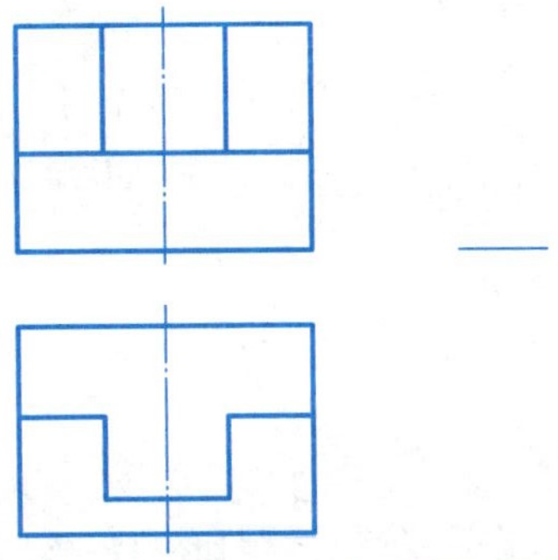

( )

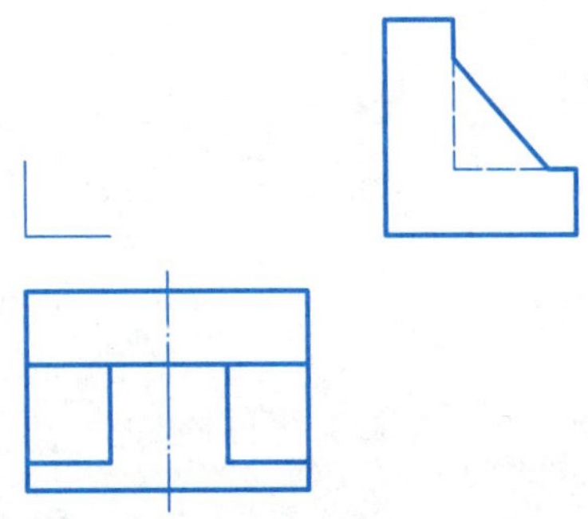

( )

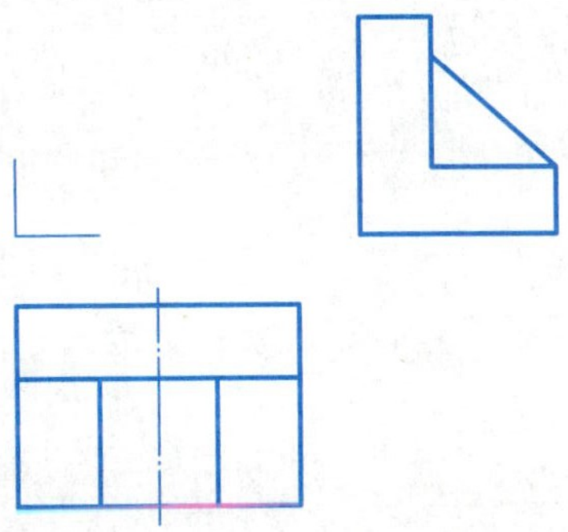

( )

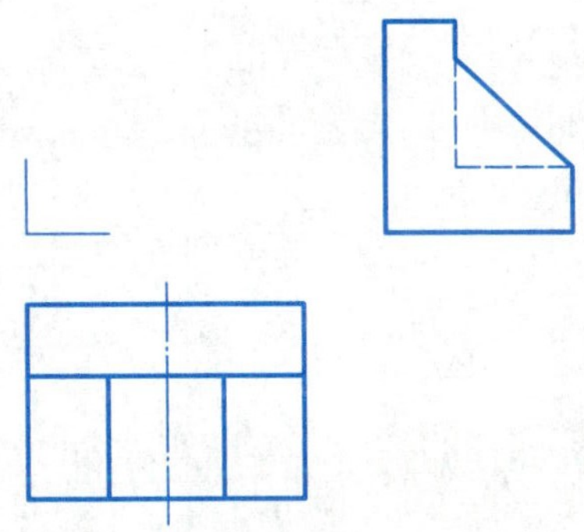

( )

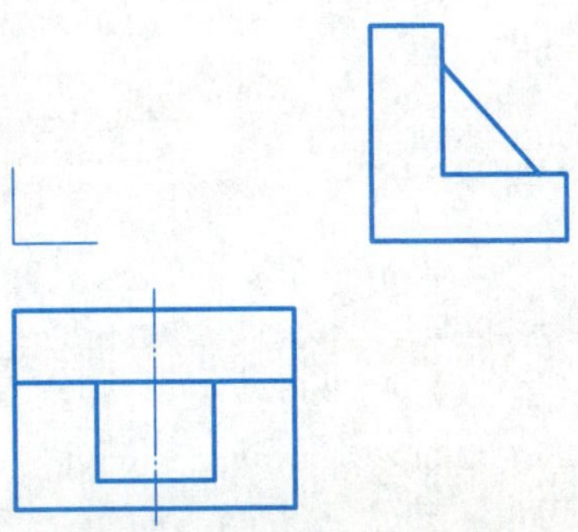

( )

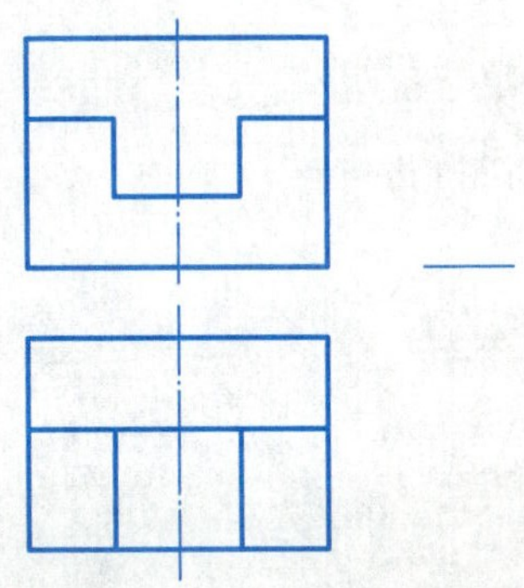

( )

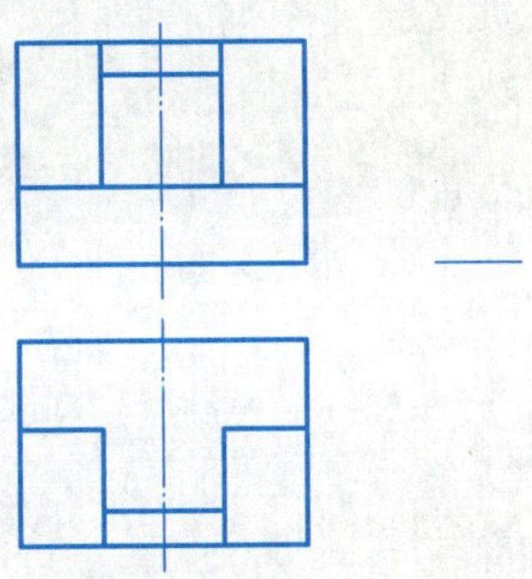

( )

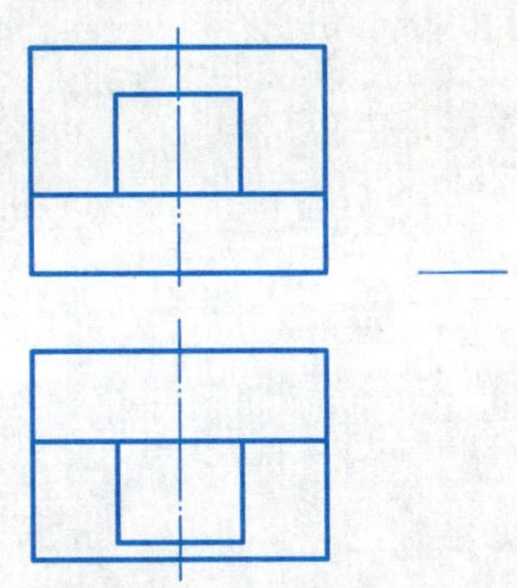

( )

1.

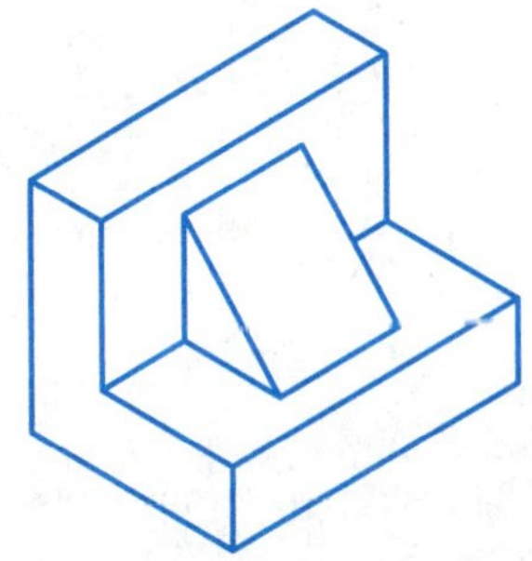

2.

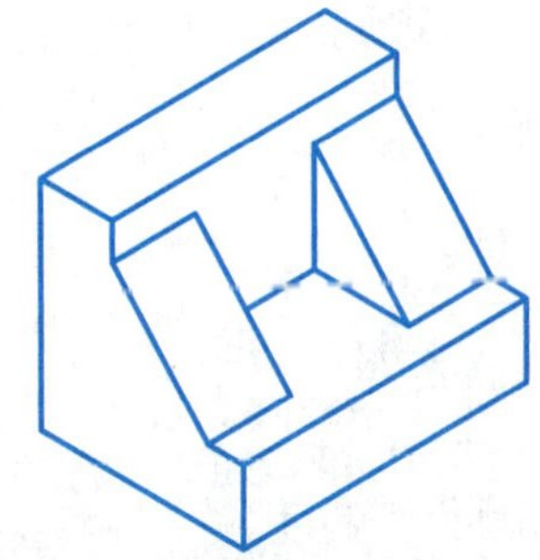

3.

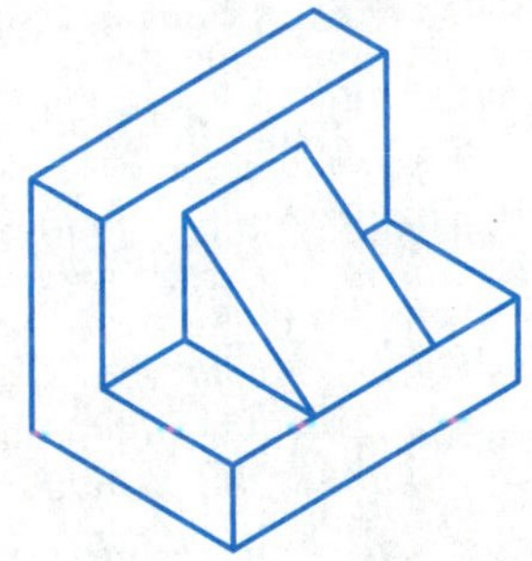

4.

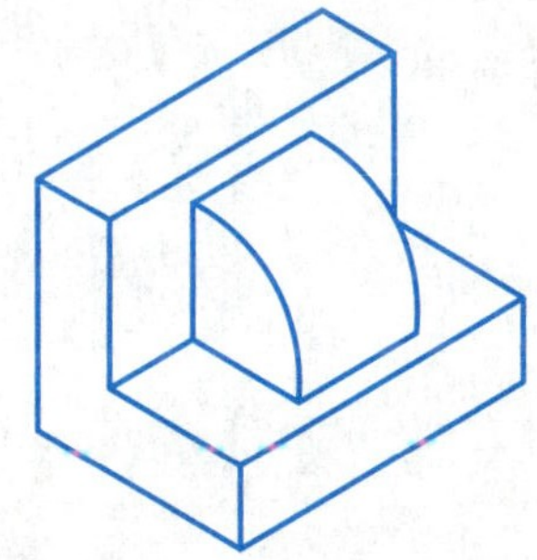

5.

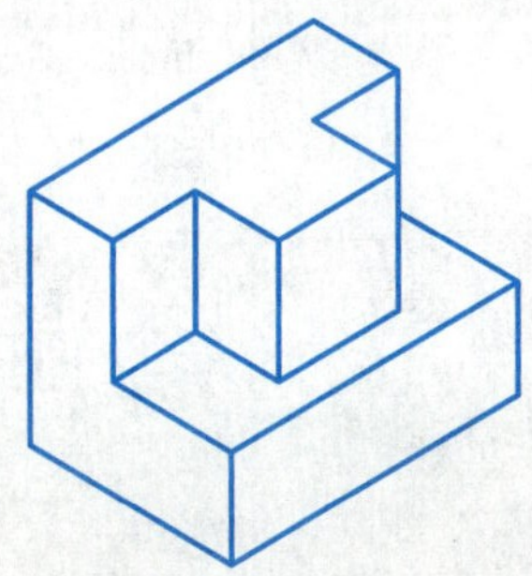

6.

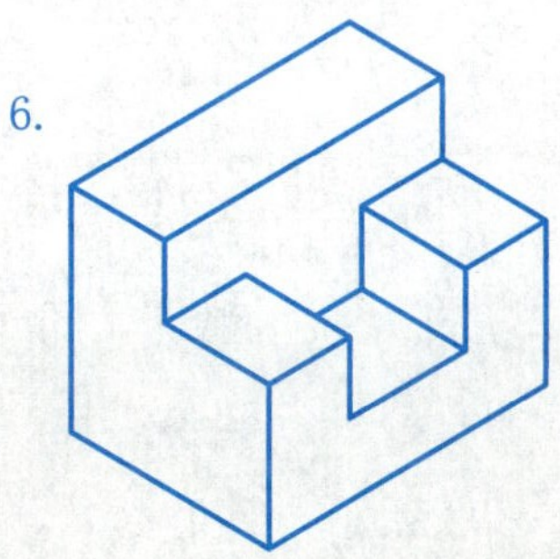

7.

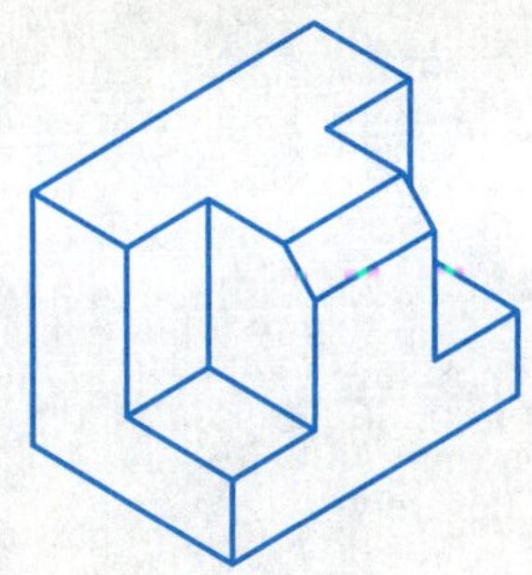

8.

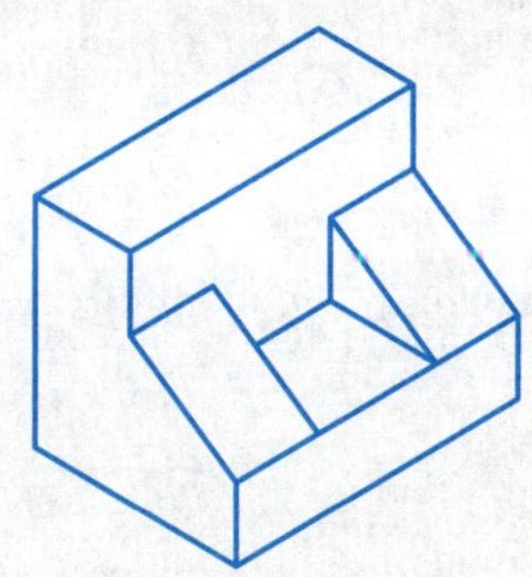

5-3 根据轴测图画出组合体的三视图　　姓名　　班级　　学号　　17

1.

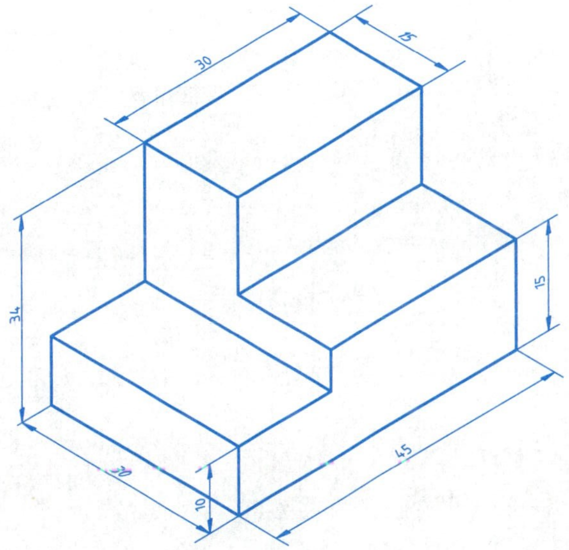

2.

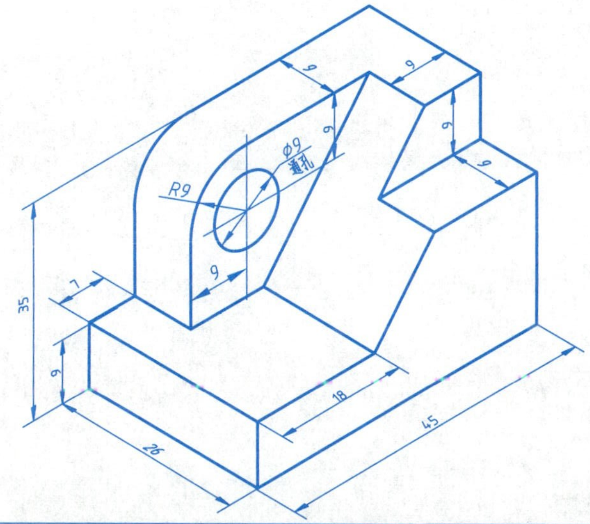

3.

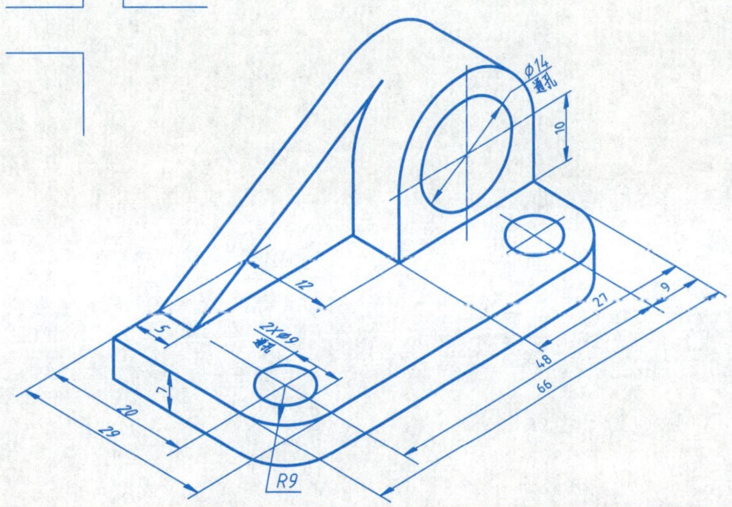

4.

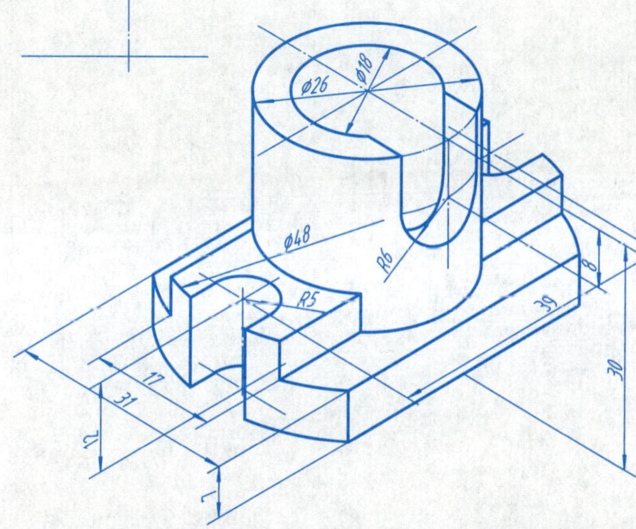

5-4 标出指定的图线和线框在其他视图上的投影，并填空

姓名　　　　班级　　　　学号　　　　

1.

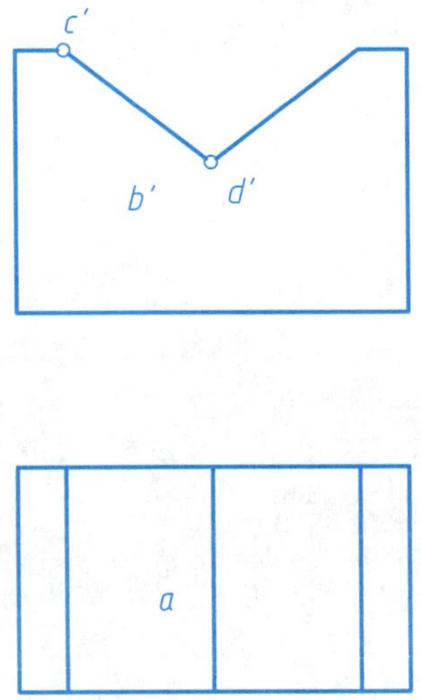

CD是__________线

A面是__________面

B面是__________面

2.

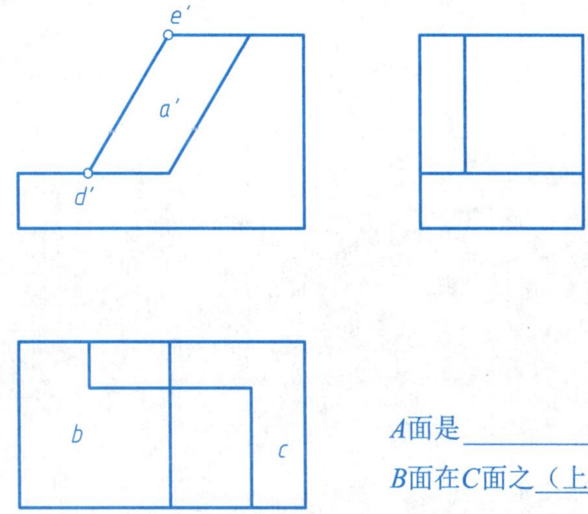

A面是__________面

B面在C面之（上 下）

DE是__________线

3.

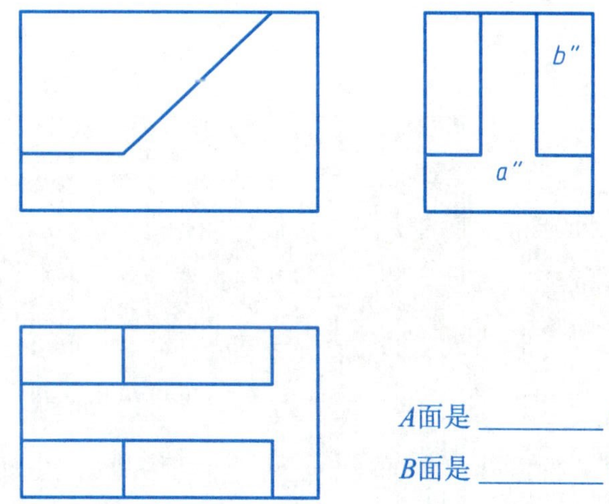

A面是__________面

B面是__________面

B面在A面之（左 右）

4.

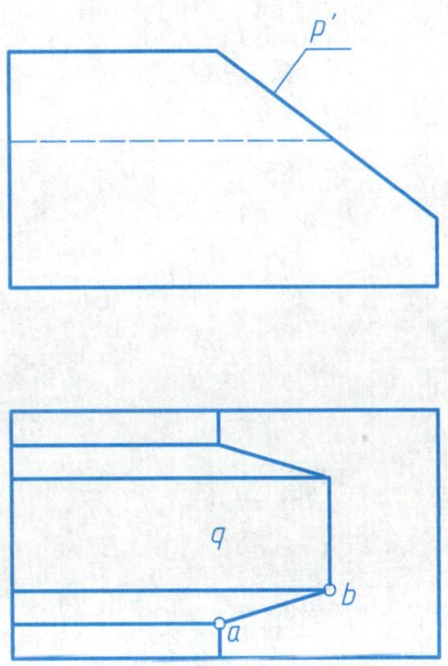

AB是__________线

P面是__________面

Q面是__________面

5.

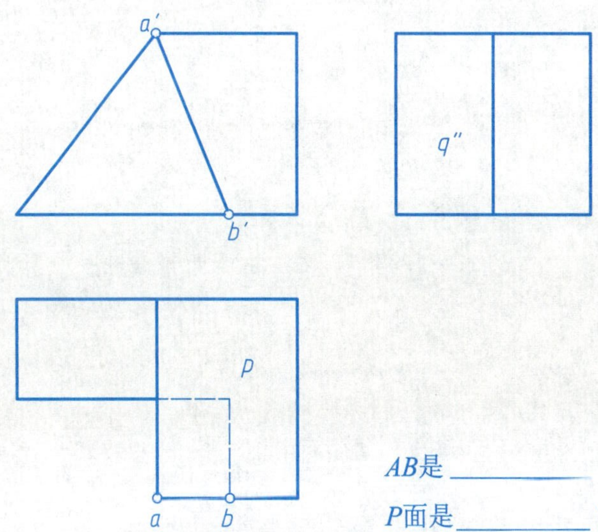

AB是__________线

P面是__________面

Q面是__________面

6.

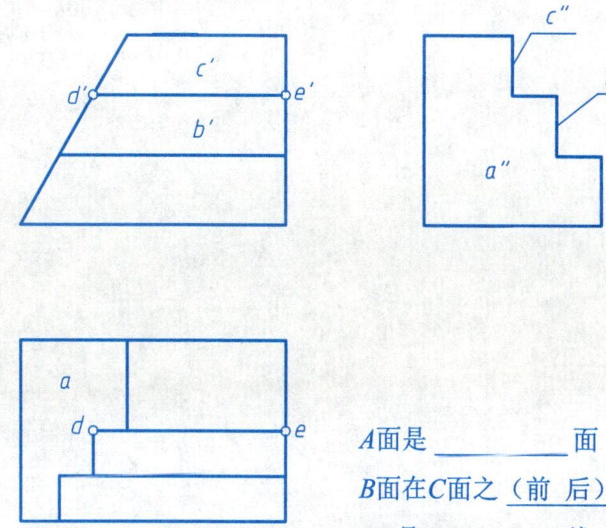

A面是__________面

B面在C面之（前 后）

DE是__________线

5-5 补画视图中所缺图线

姓名　　班级　　学号

1.

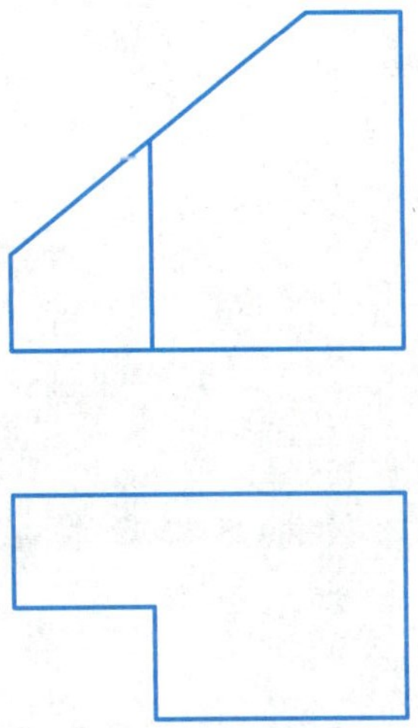

2.

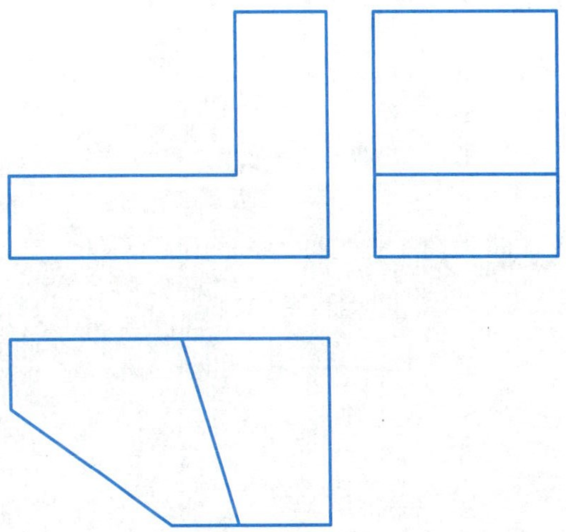

3.

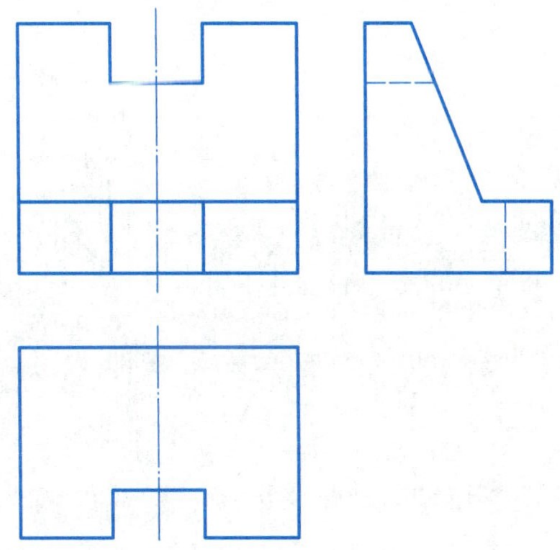

4.

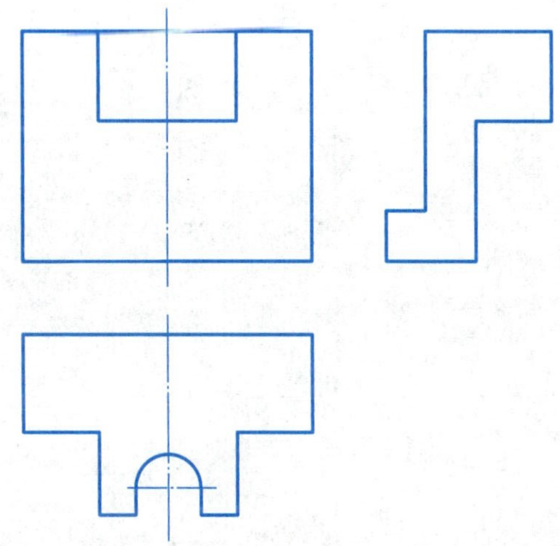

5.

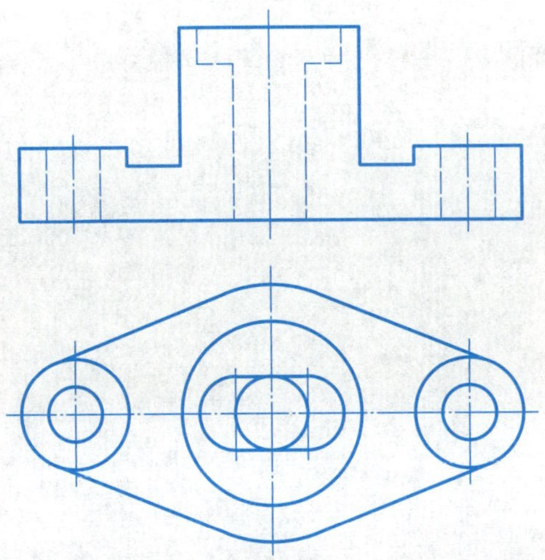

6.

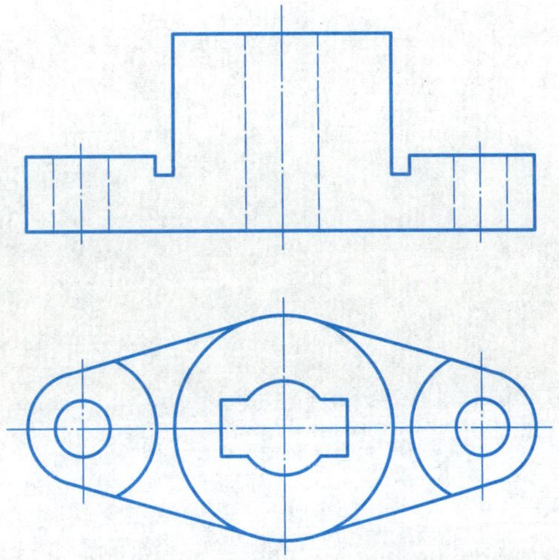

7.

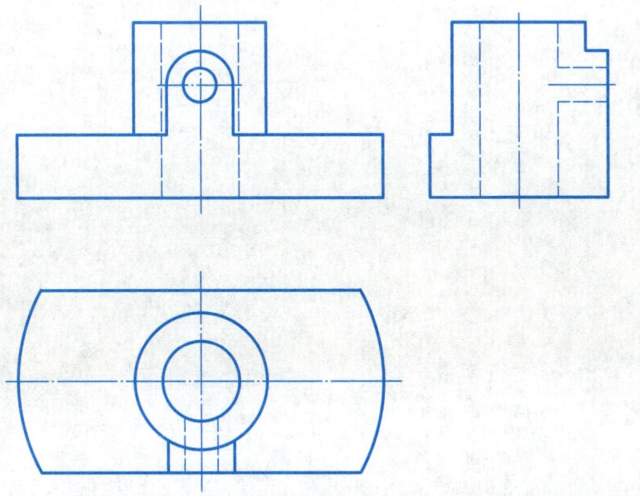

8.

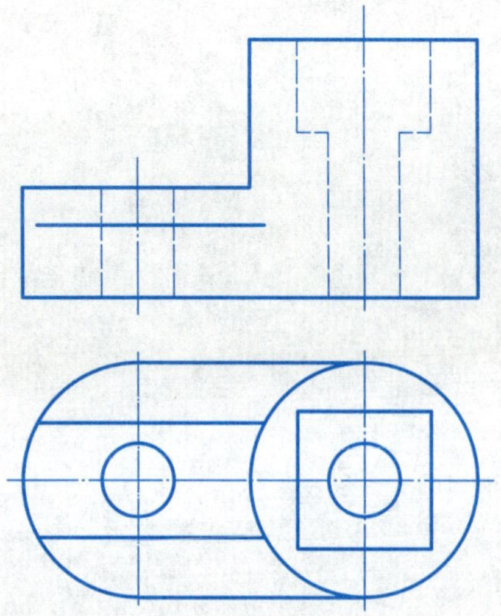

5-6 读懂两视图后,补画第三视图(一)　　姓名　　班级　　学号　　

1.

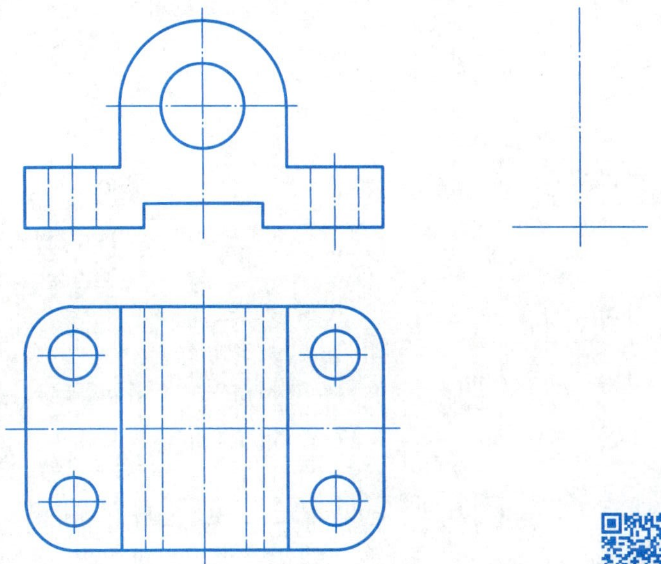

2.

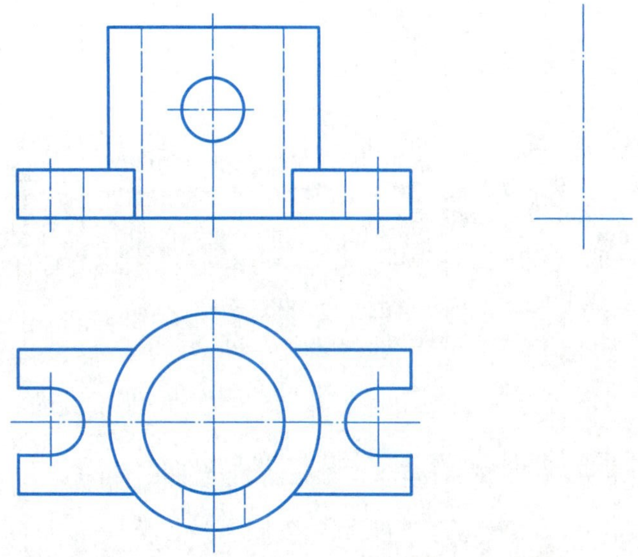

3.

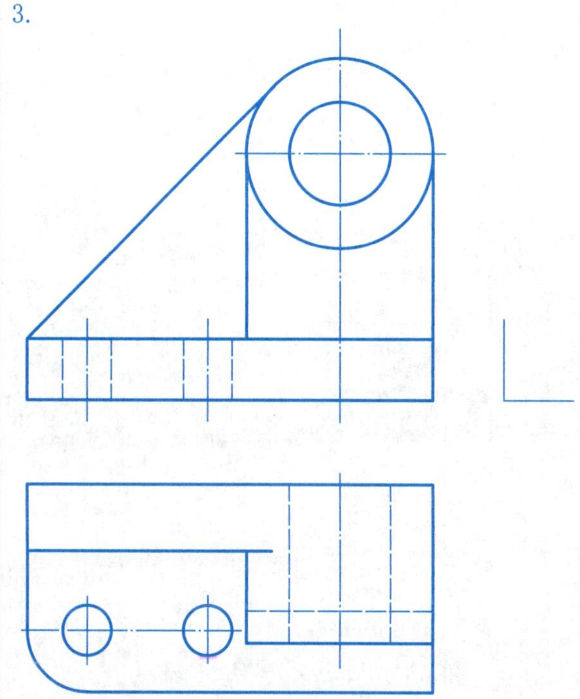

4.

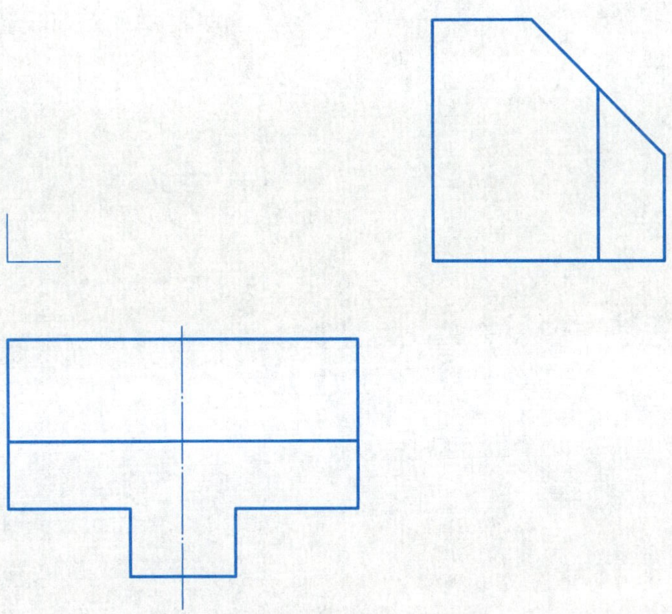

5.

6.

5-6 读懂两视图后,补画第三视图(二)

姓名　　班级　　学号

7.

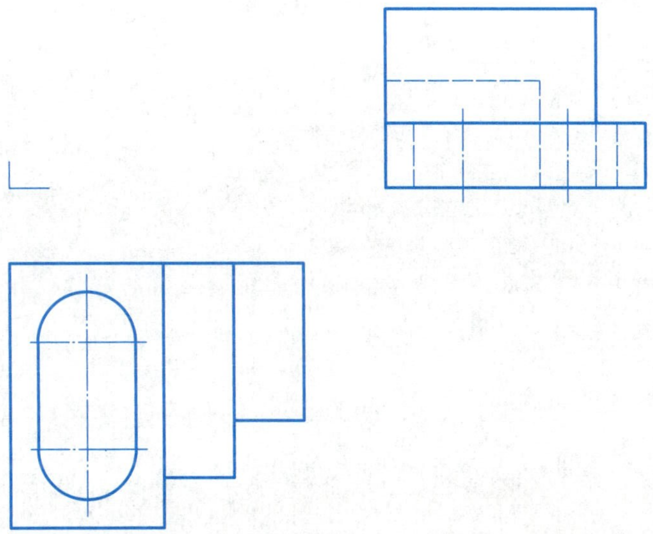

8.

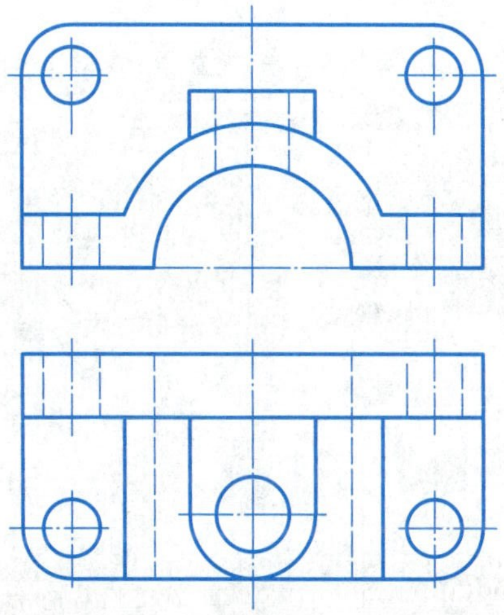

9.

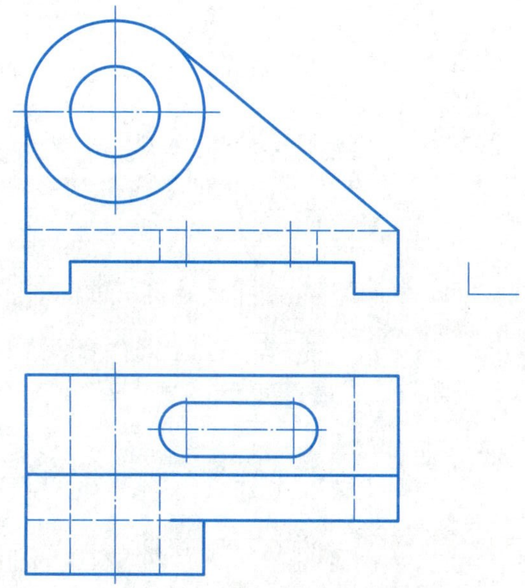

10.

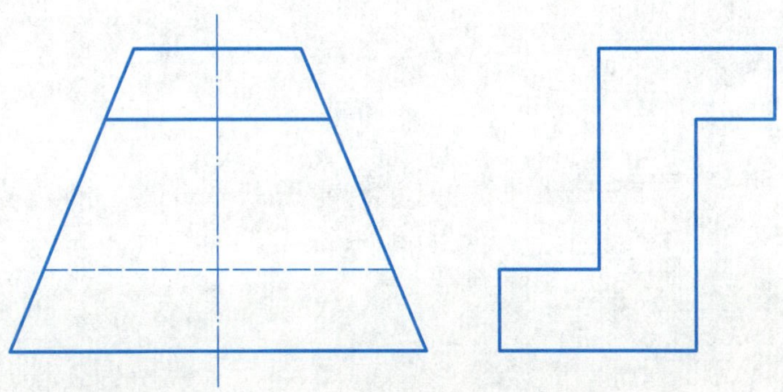

11.

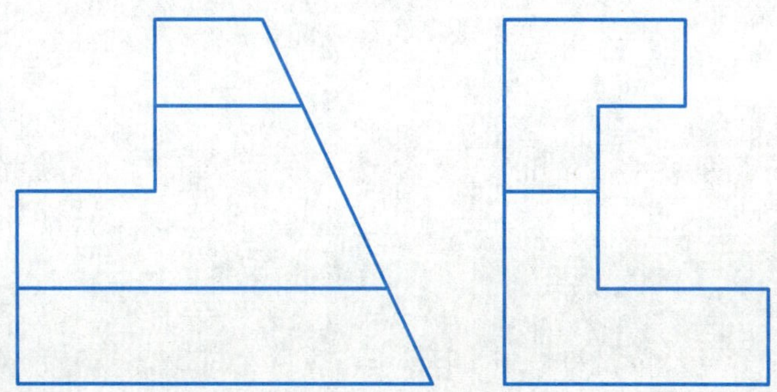

12.

5-6 读懂两视图后，补画第三视图（三）

姓名　　班级　　学号

13.

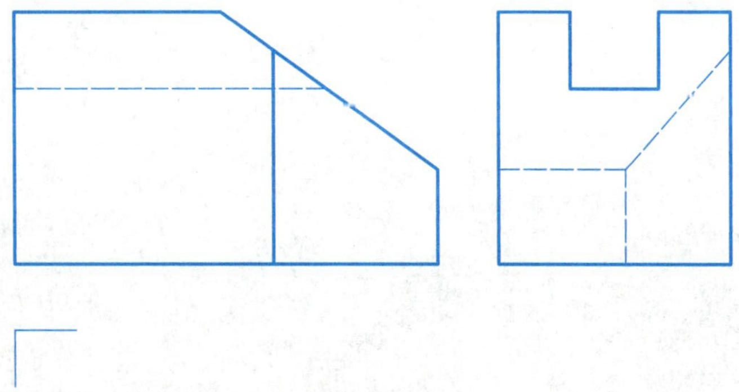

14.

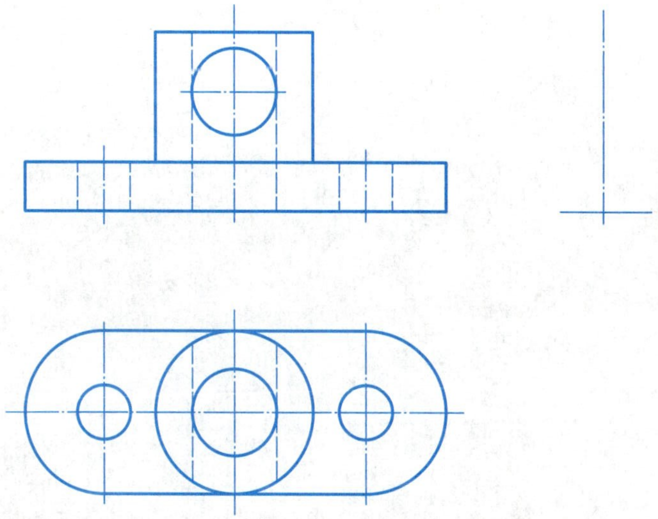

15.

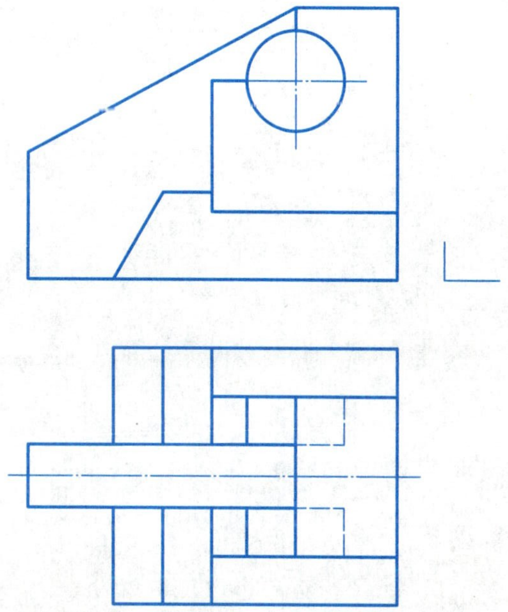

16.

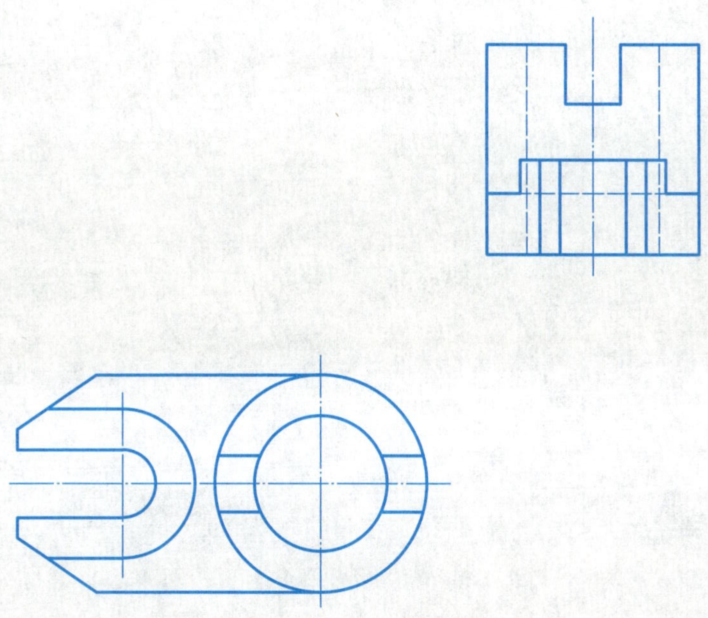

*17.

*18.

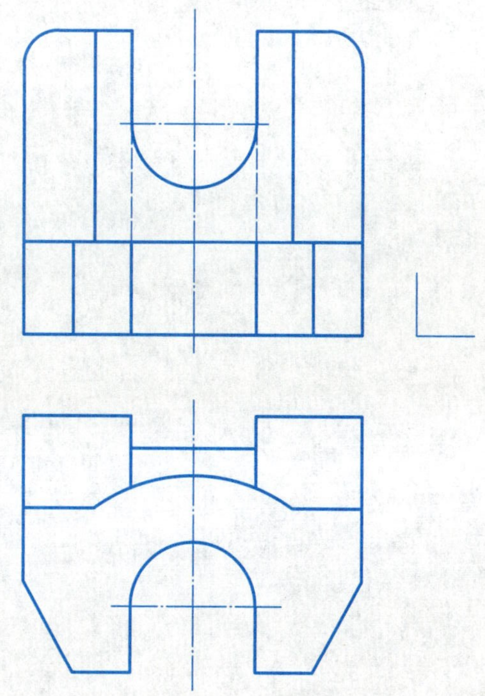

1. 根据轴测图在视图中标注尺寸。

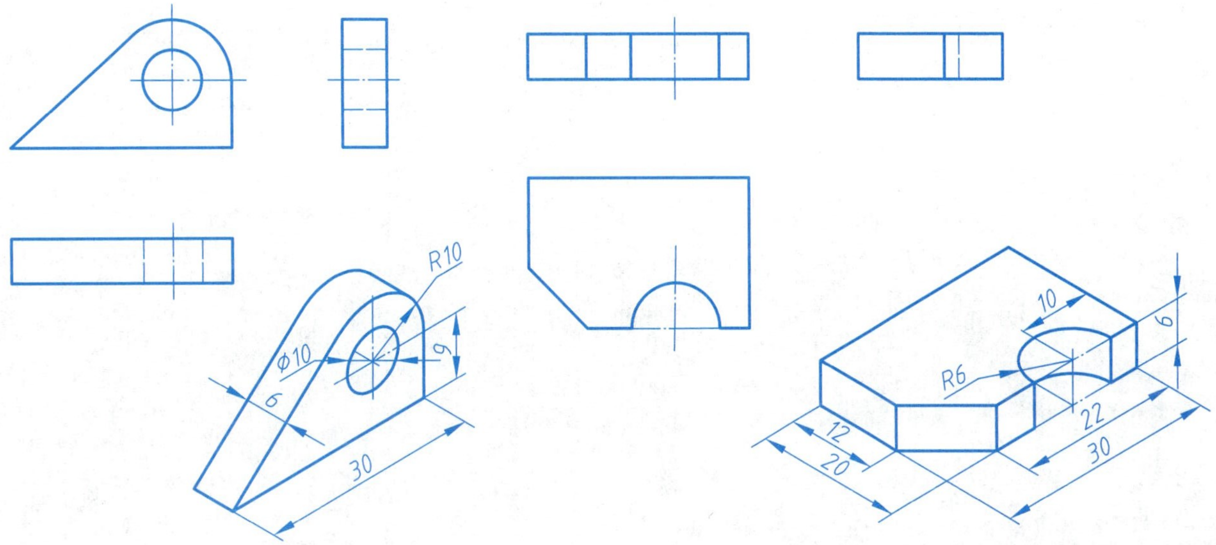

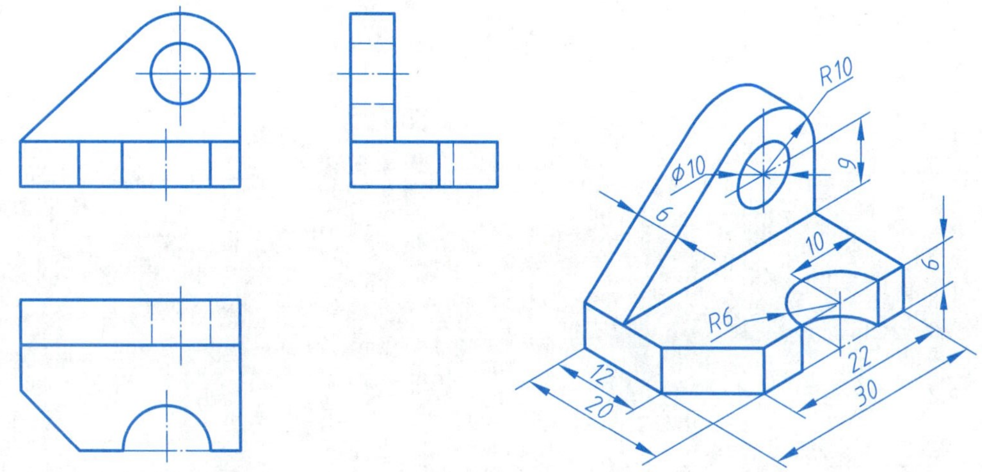

2. 标注组合体的尺寸，尺寸数值按1:1的比例从图中量取(取整)。

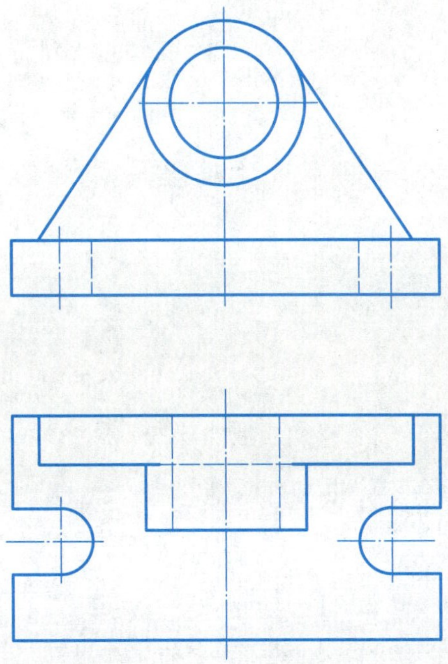

3. 标注组合体的尺寸，尺寸数值按1:1的比例从图中量取(取整)。

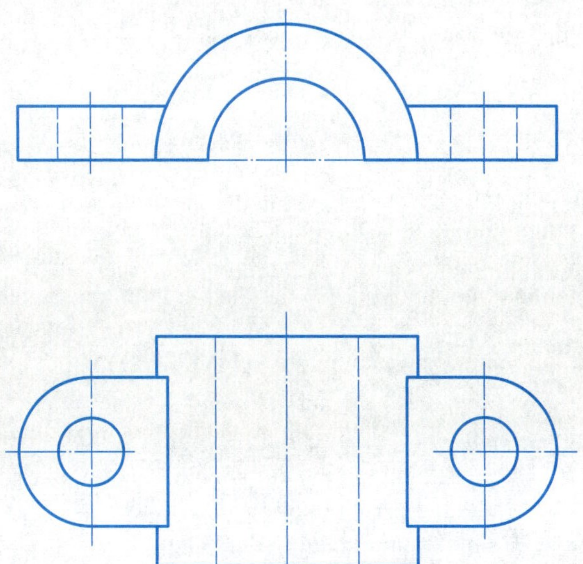

4. 标注组合体的尺寸，尺寸数值按1:1的比例从图中量取(取整)。

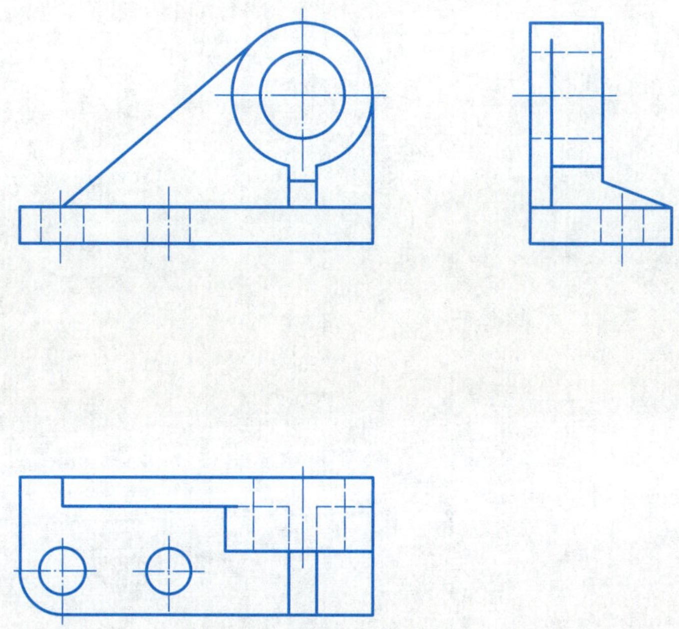

5-8 第二次制图作业——组合体视图

姓名　　　　班级　　　　学号

一、目的、内容与要求

1．目的、内容：进一步理解与巩固物与图之间的对应关系，运用形体分析的方法，根据轴测图（或模型）绘制组合体的三视图，并标注尺寸。本作业共3个分题，不同专业按需要完成其中1～2个分题。

2．要求：表达组合体的内、外形状；标注尺寸完整，并符合国家标准。

二、图名、图幅、比例

1．图名：组合体。

2．图幅：A3 。

3．比例：由各分题确定。

三、绘图步骤及注意事项

1．对所绘组合体进行形体分析，选择主视图，按轴测图所示尺寸（或模型实际大小）布置3个视图的位置（注意视图之间预留标注尺寸的位置）。画出各视图的中心轴线和底面（顶面）位置线。

2．逐步画出组合体各部分的三视图（注意两表面相切或相贯时的画法）。

3．标注尺寸应注意不要照搬轴测图上的尺寸注法，应重新考虑视图尺寸的配置，以尺寸完整、注法标准、配置适当为原则。

4．完成底稿后，经仔细校核后用铅笔加深。

2.

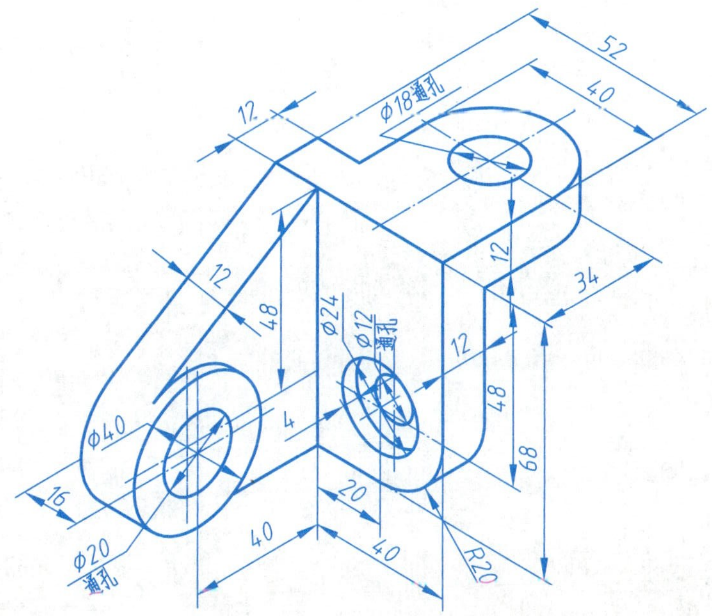

1.

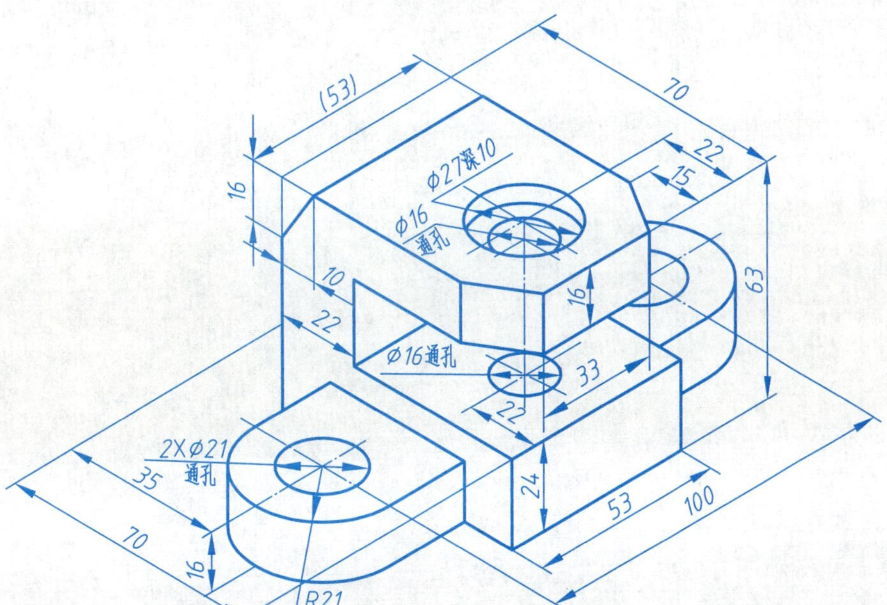

3.

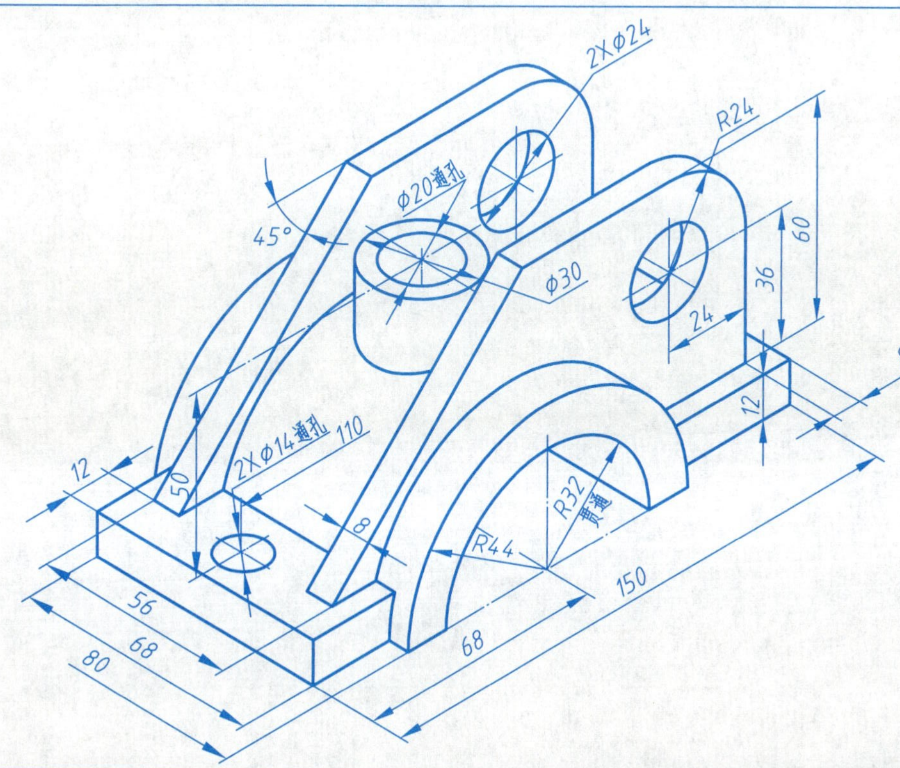

6-1 画出下列物体的正等轴测图　　姓名　　班级　　学号

1.

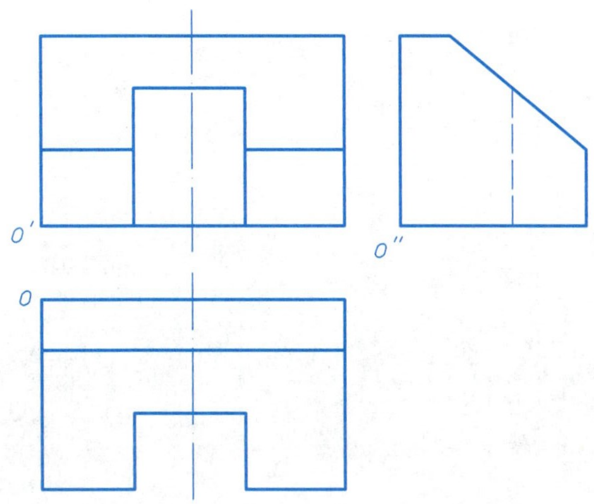

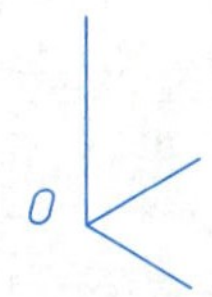

2.

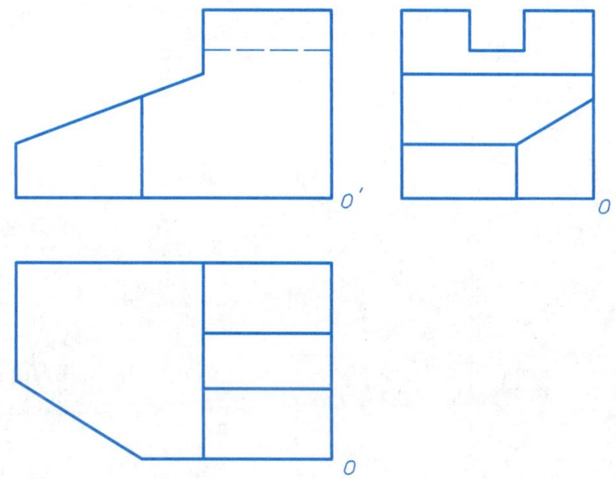

3.

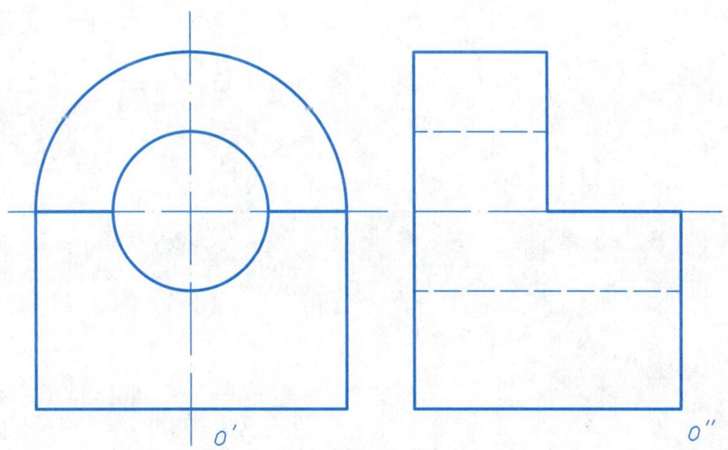

4.

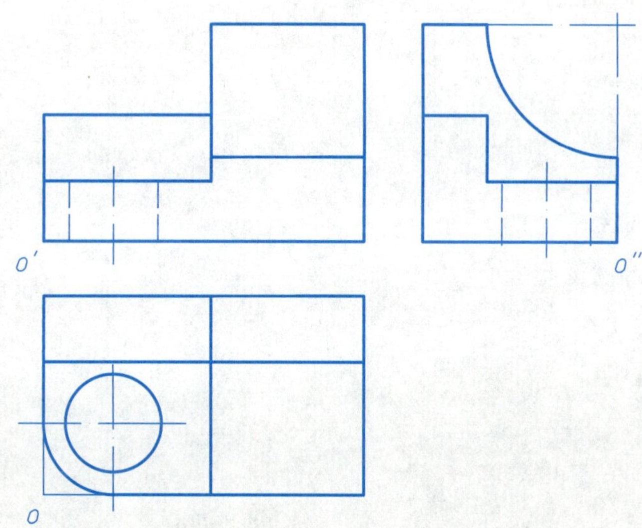

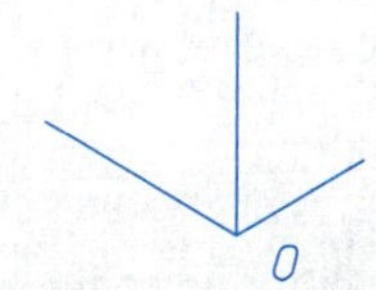

6-2 画出下列物体的斜二侧轴测图

姓名　　班级　　学号

1.

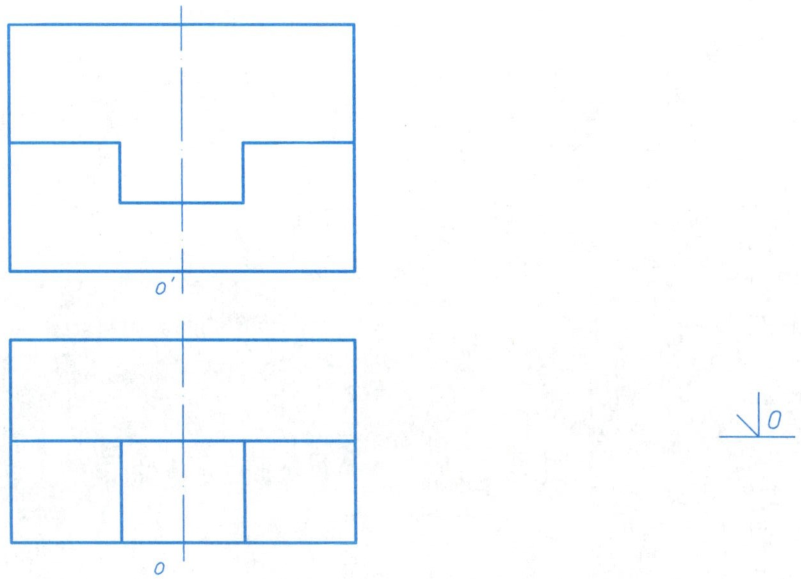

2.

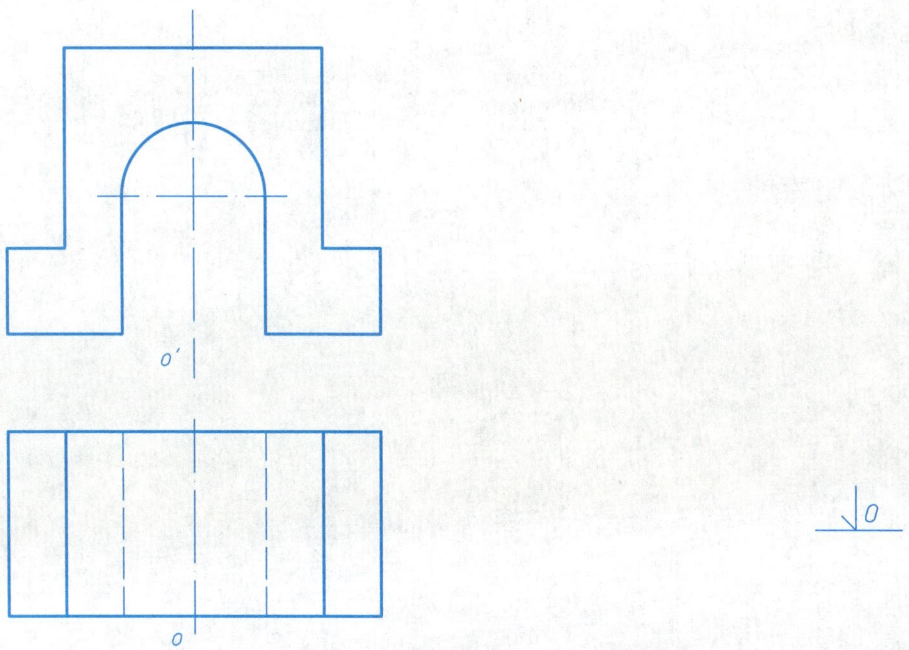

3.

1. 根据已知的主、俯视图，补画出该机件的另外4个基本视图。

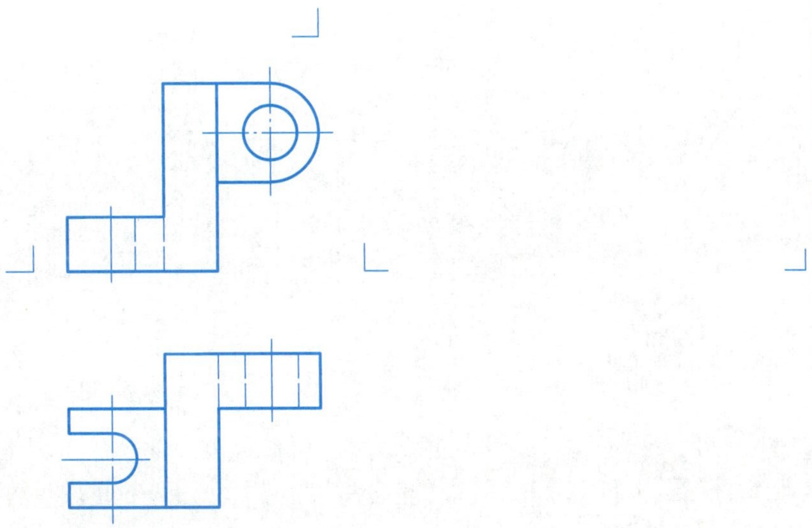

2. 画出机件的 *A* 向局部视图。

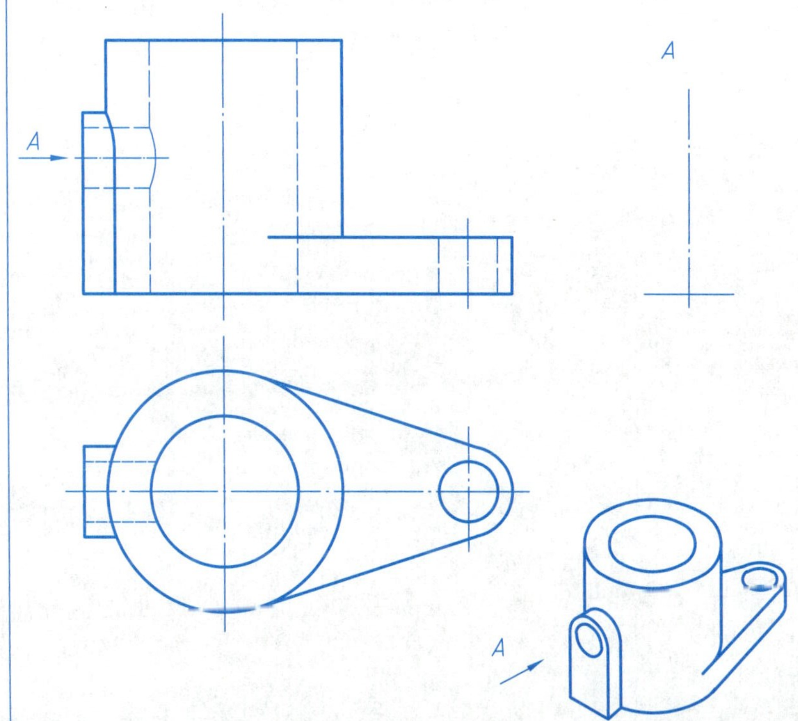

3. 补全机件的视图中所缺线条。

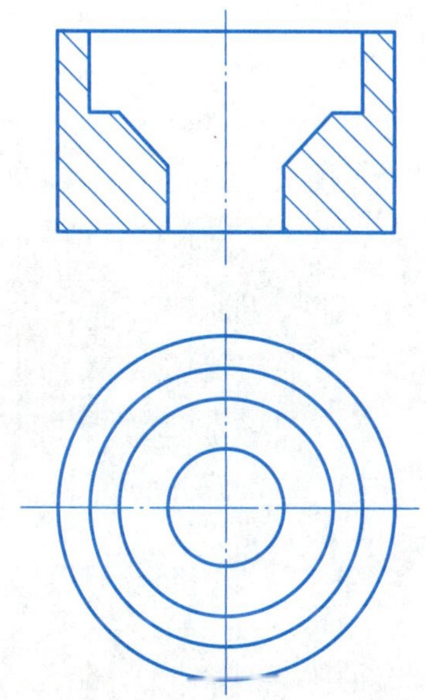

4. 作机件的*A*向斜视图（右端安装板圆角半径为3 mm）。

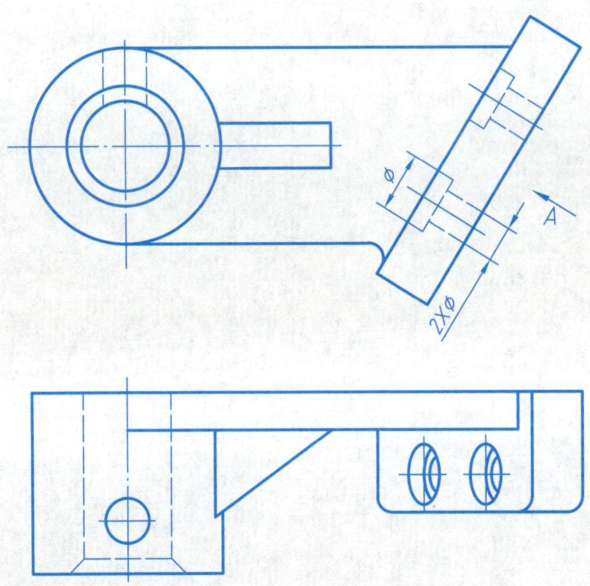

5. 用*A*向局部视图和*B*向斜视图重新表达机件。

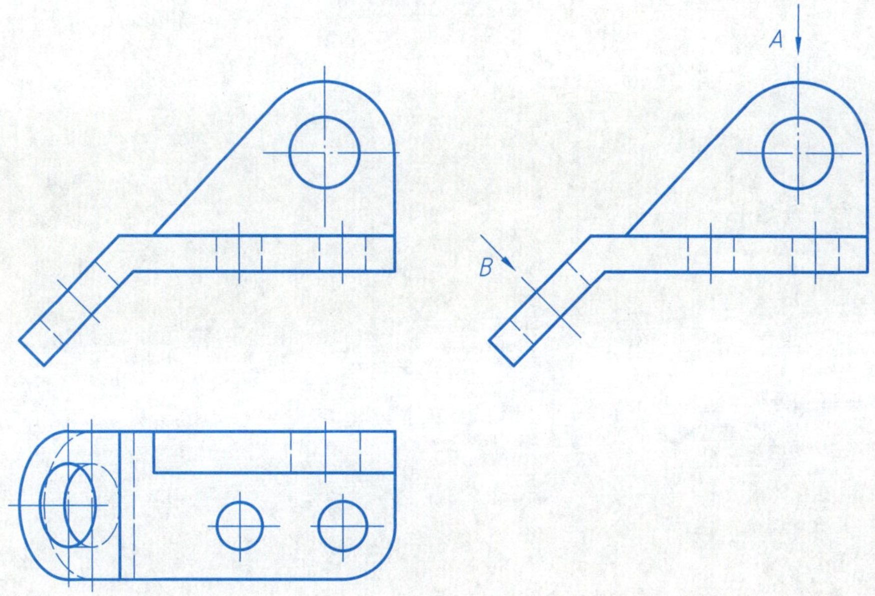

6. 补全机件的视图中所缺线条。

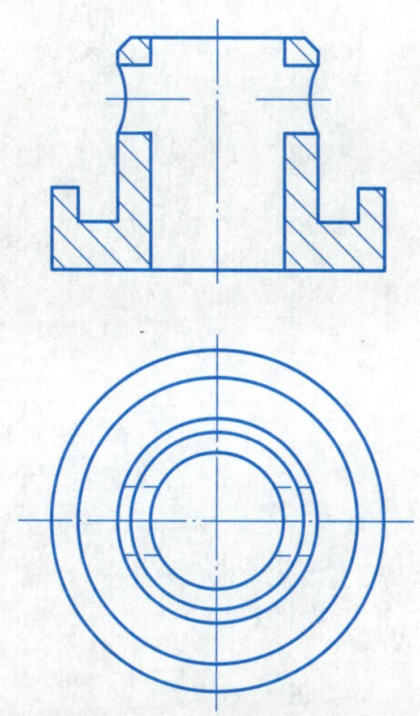

1. 补全机件的视图中所缺线条。

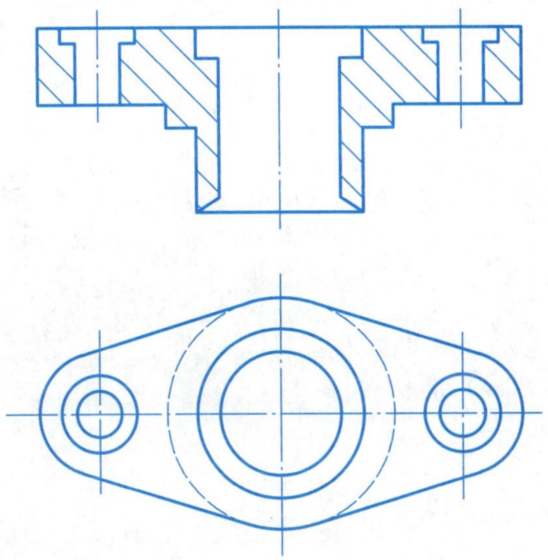

2. 将机件的主视图改为全剖视图。

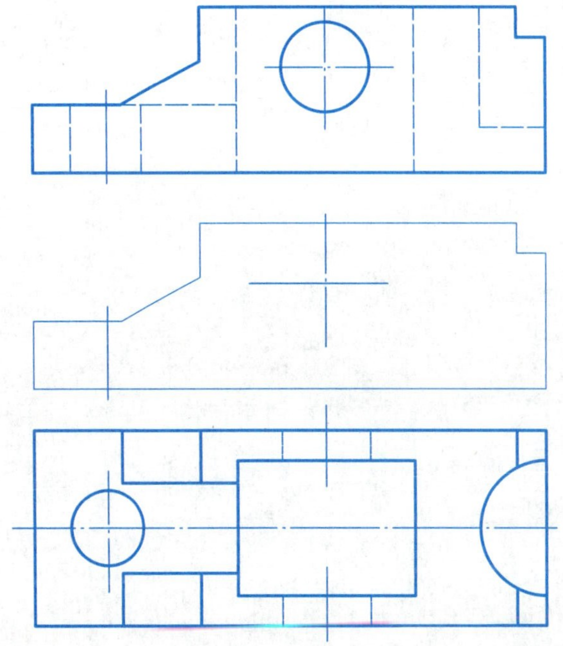

3. 补画机件的全剖左视图。

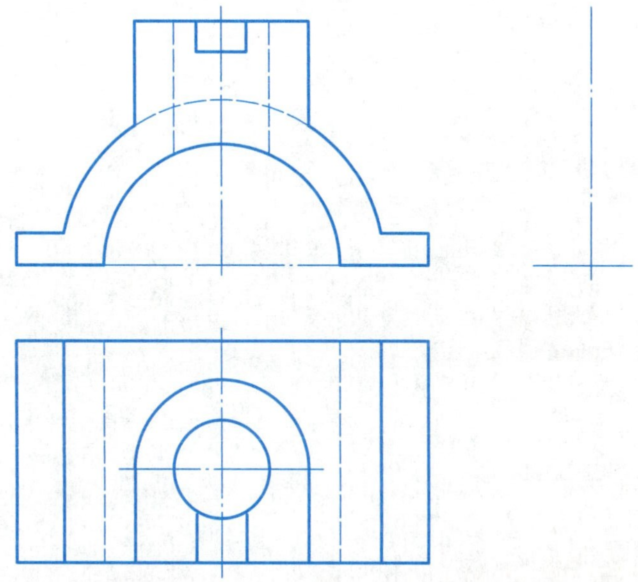

4. 将机件的主视图改为全剖视图。

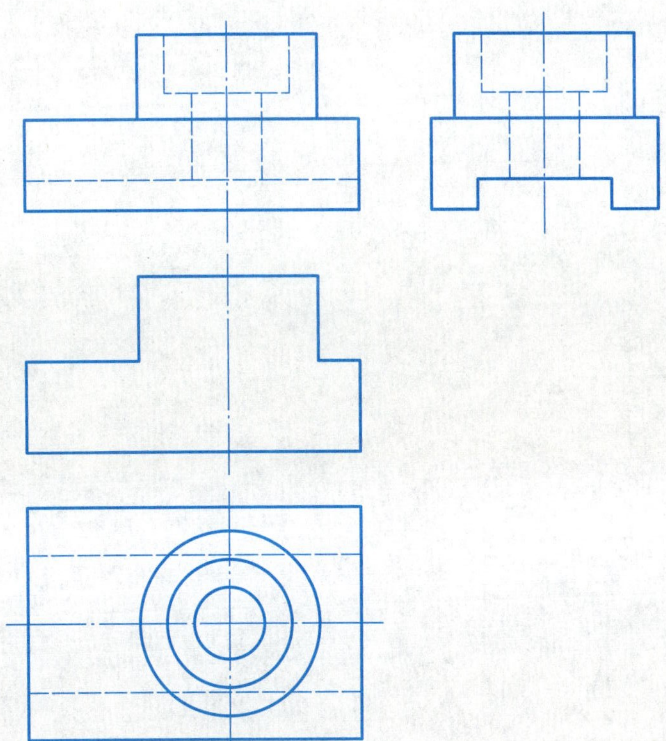

5. 将机件的主视图改为全剖视图。

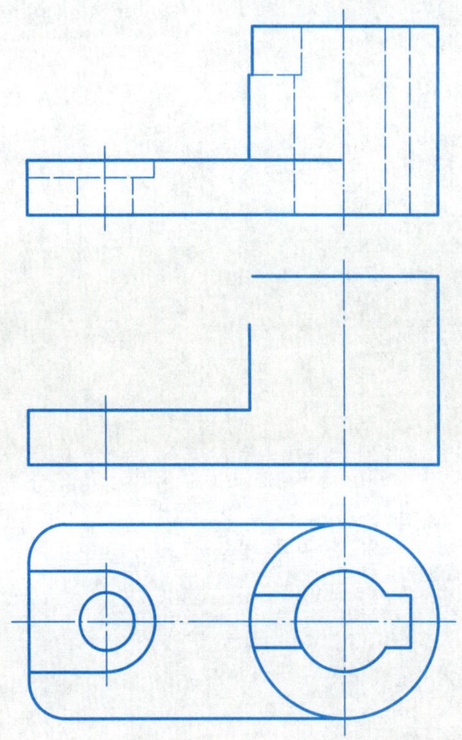

6. 作出机件的全剖主视图。

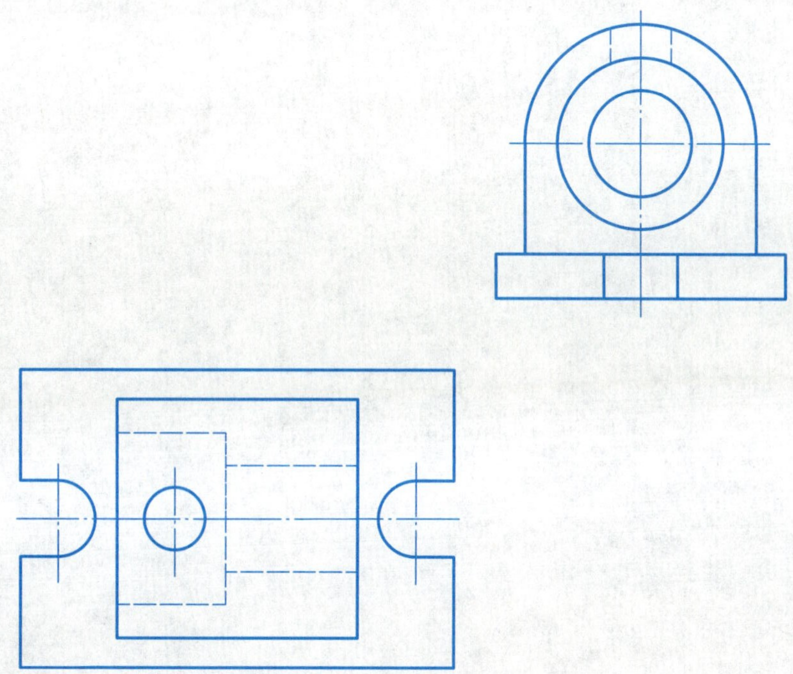

7-3 全剖视图和半剖视图

班级　　姓名　　学号

1. 将机件的主视图画成半剖视图。

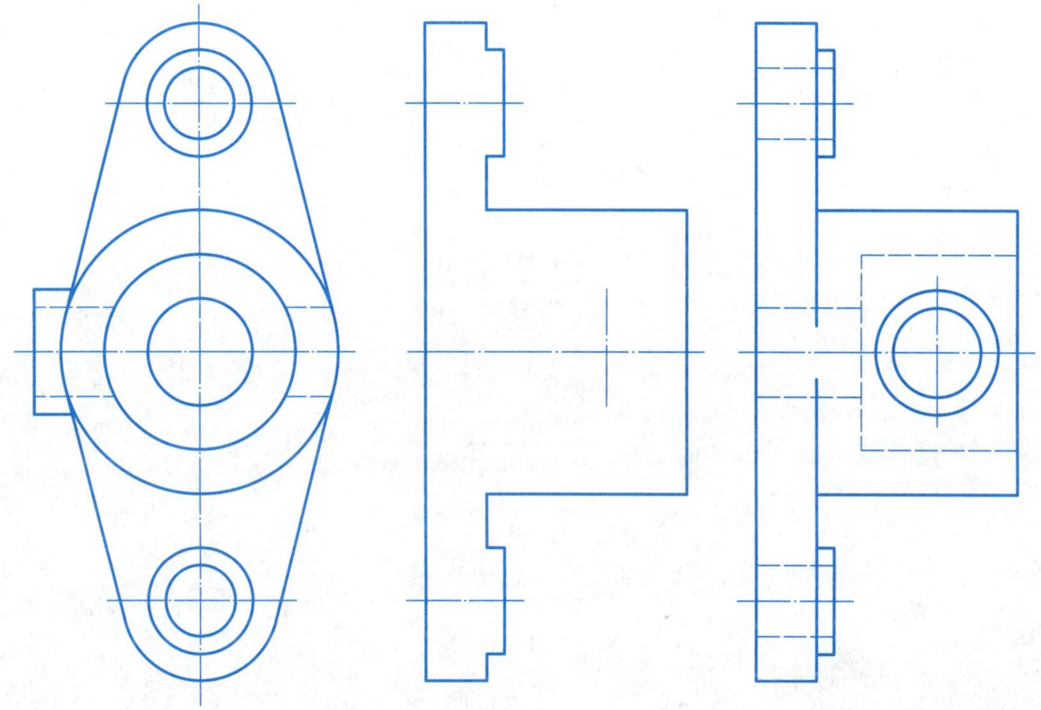

2. 将机件的主视图、俯视图画成半剖视图。

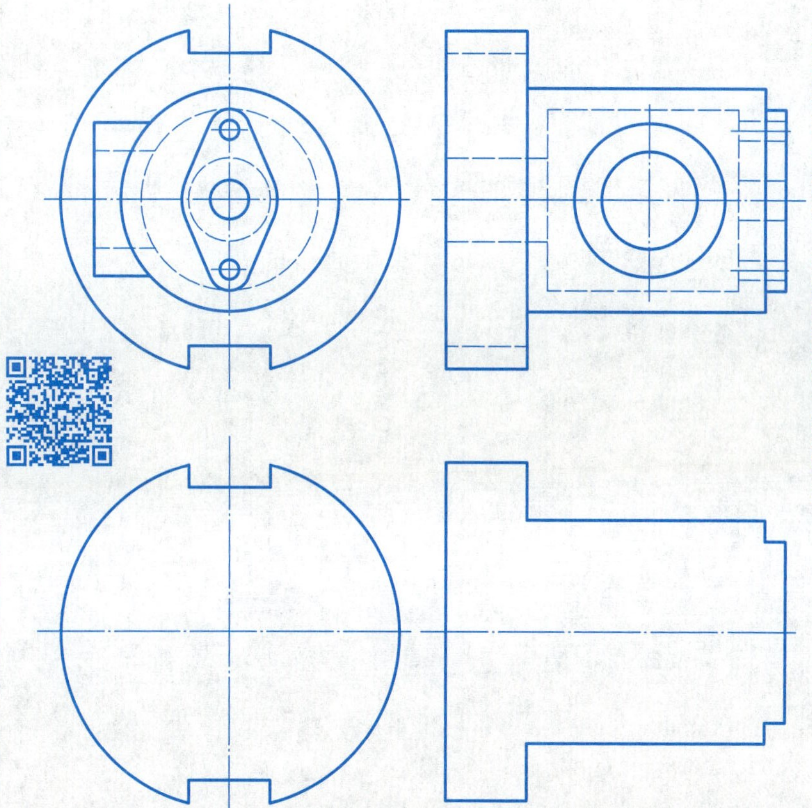

3. 补全机件的半剖主视图的半个外形图，并作出半剖的左视图。

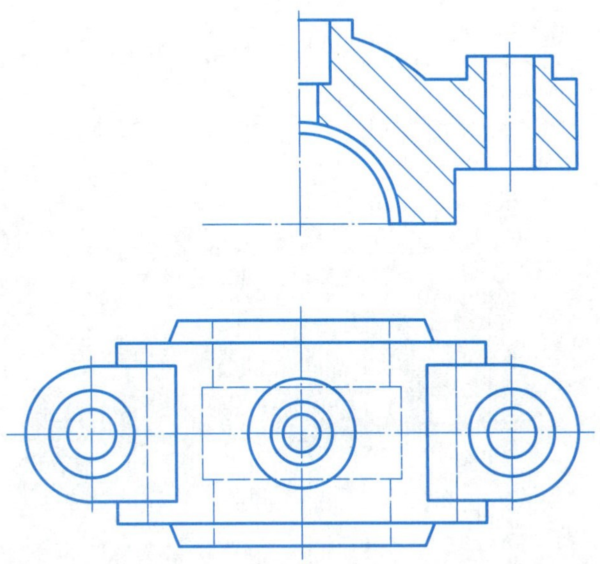

4. 将机件的主视图改为全剖视图、俯视图改为半剖视图，并作出半剖的左视图。

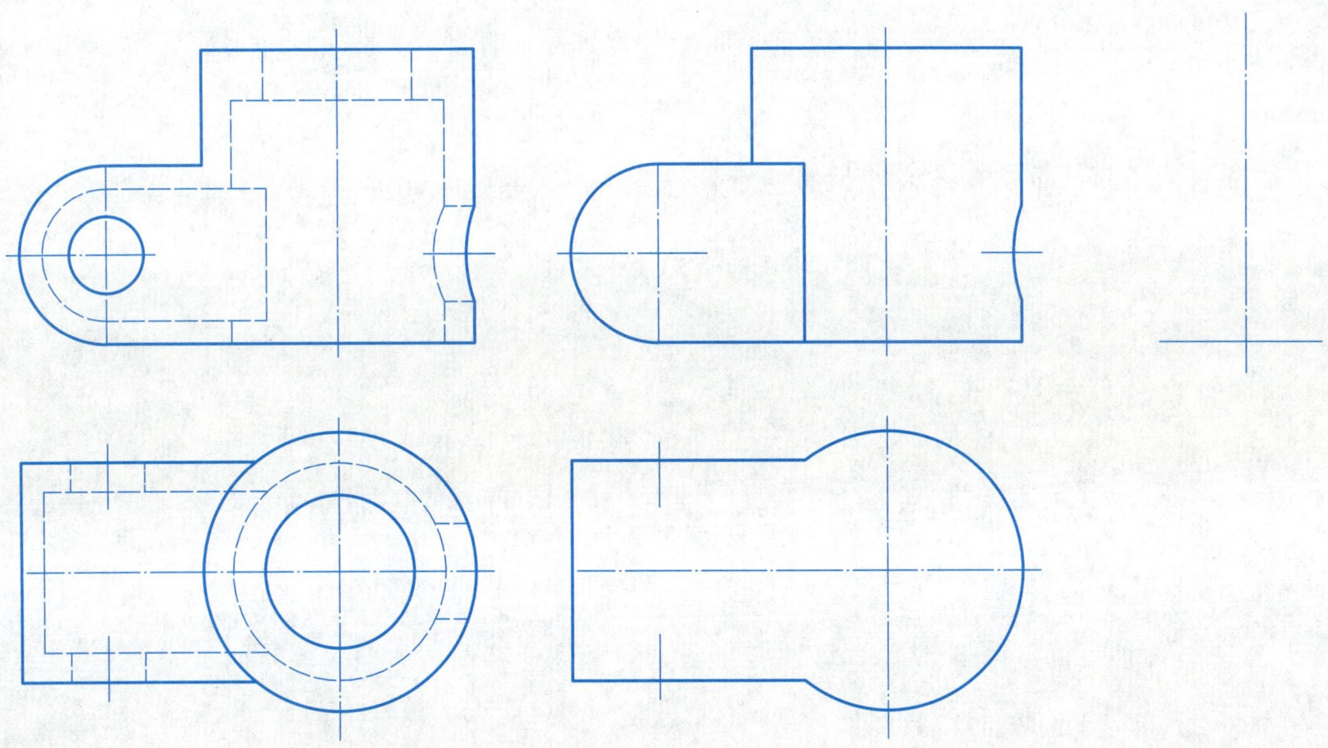

1. 分析机件视图中的错误，作出正确的剖视图。

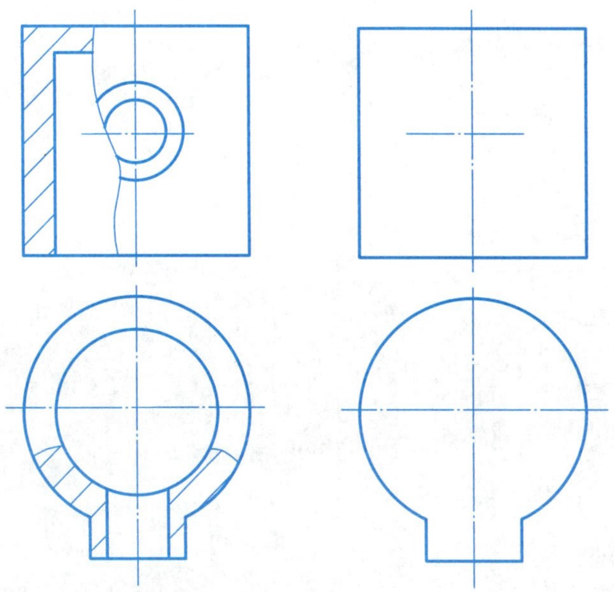

2. 将机件的主视图改为适当的剖视图。

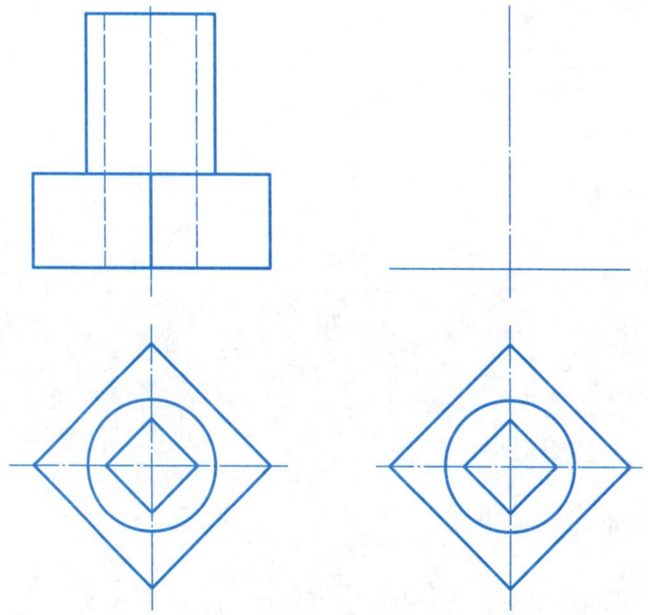

3. 在合适位置作出机件的局部剖视图。

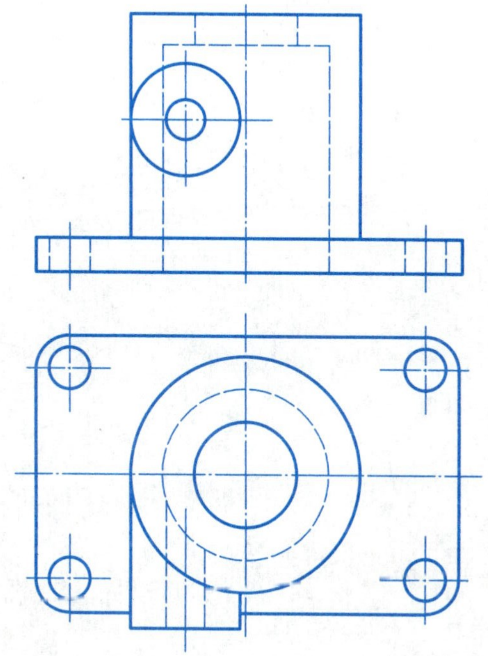

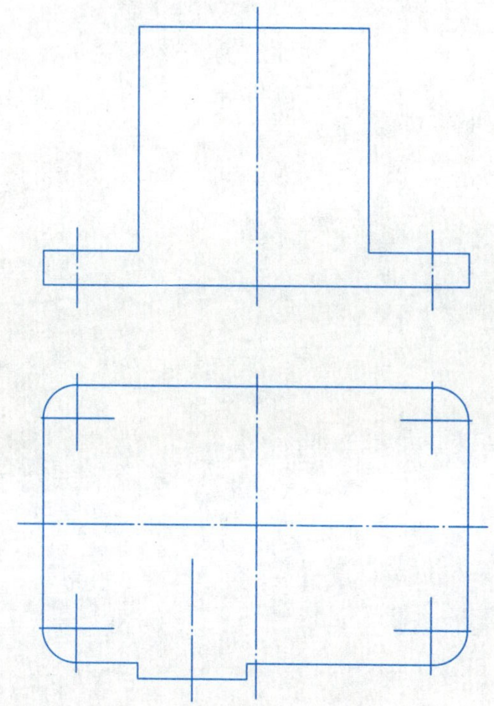

4. 将机件的主视图、俯视图改为局部剖视图。

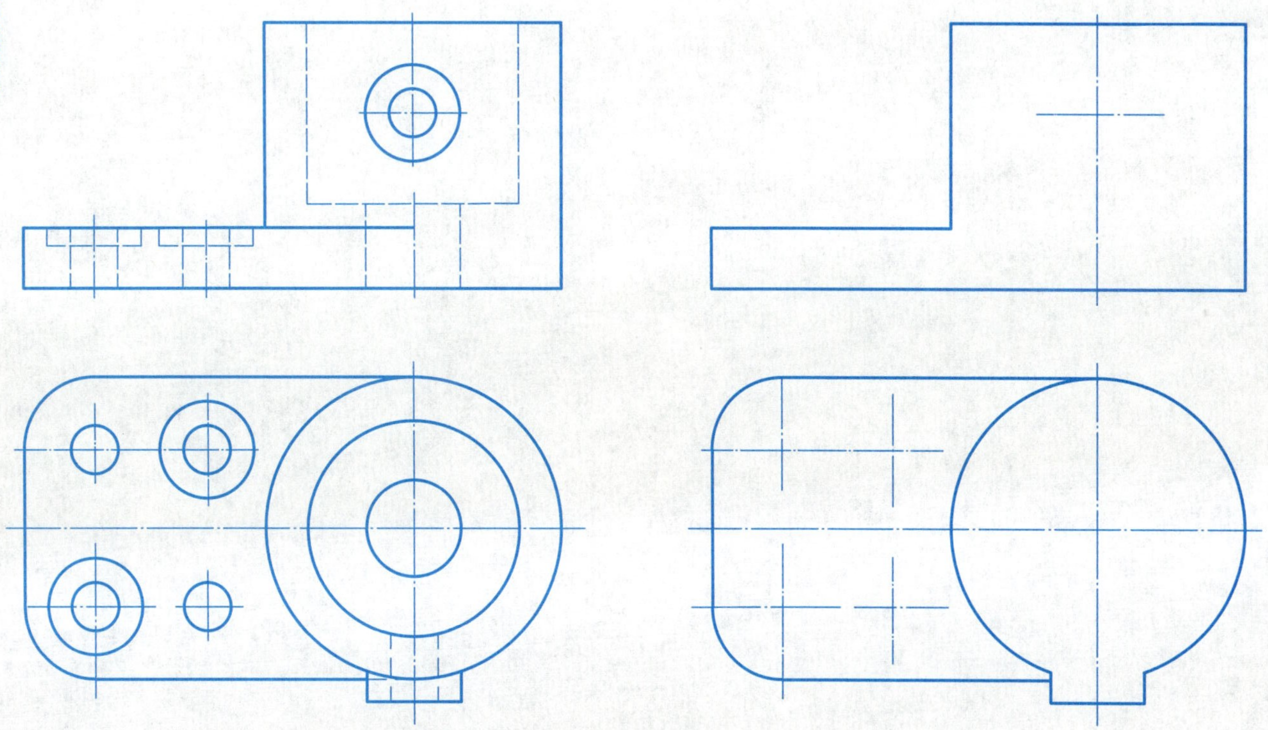

7-5 阶梯剖视图和旋转剖视图

姓名　　班级　　学号

1. 将机件的主视图画成阶梯剖视图。

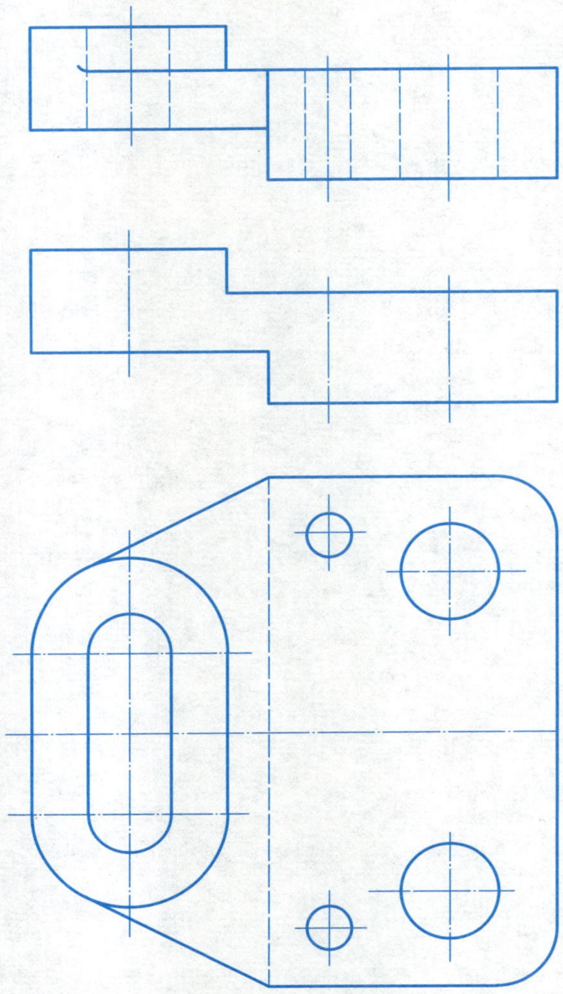

2. 将机件的主视图画成阶梯剖视图。

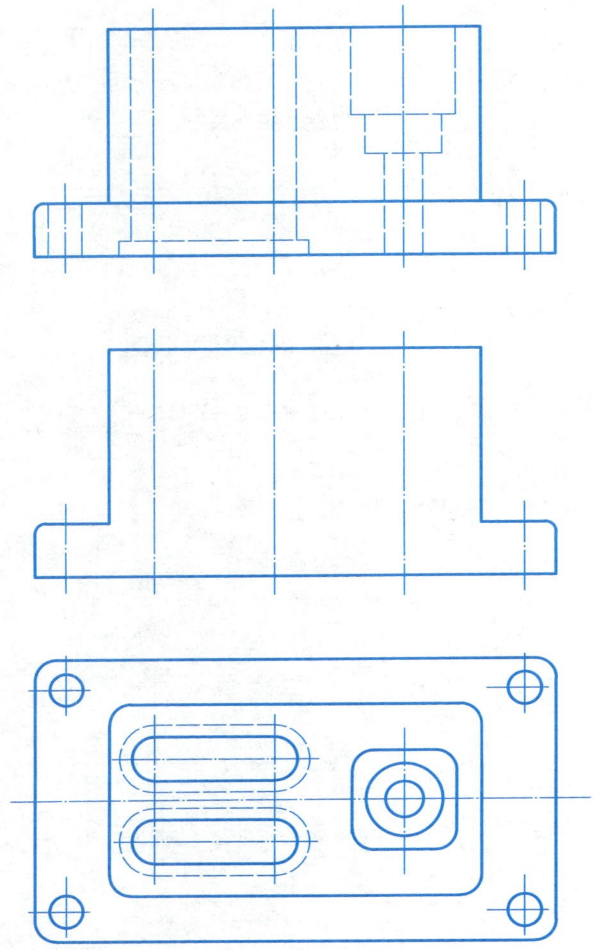

3. 将机件的主视图画成旋转剖视图。

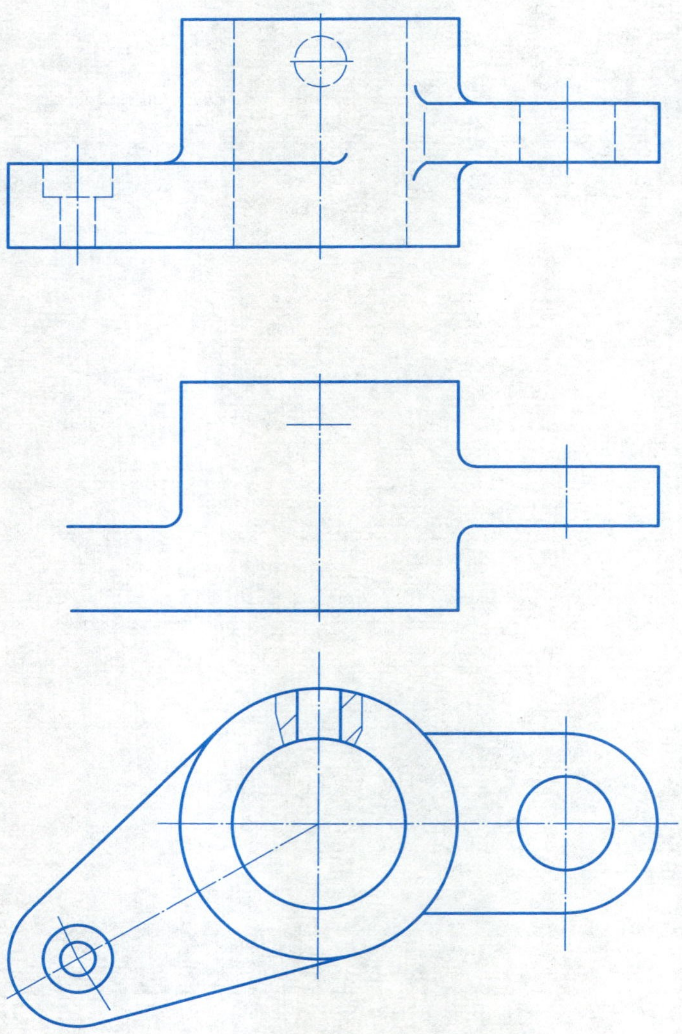

4. 将机件的主视图画成旋转剖视图。

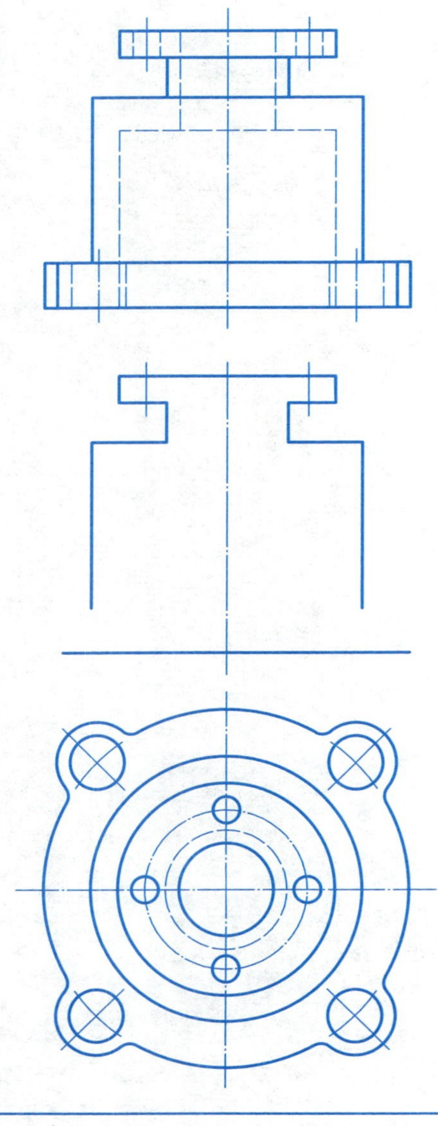

1. 将机件的主视图画出$A-A$剖视图。

2. 作出机件的$A-A$斜剖视图。

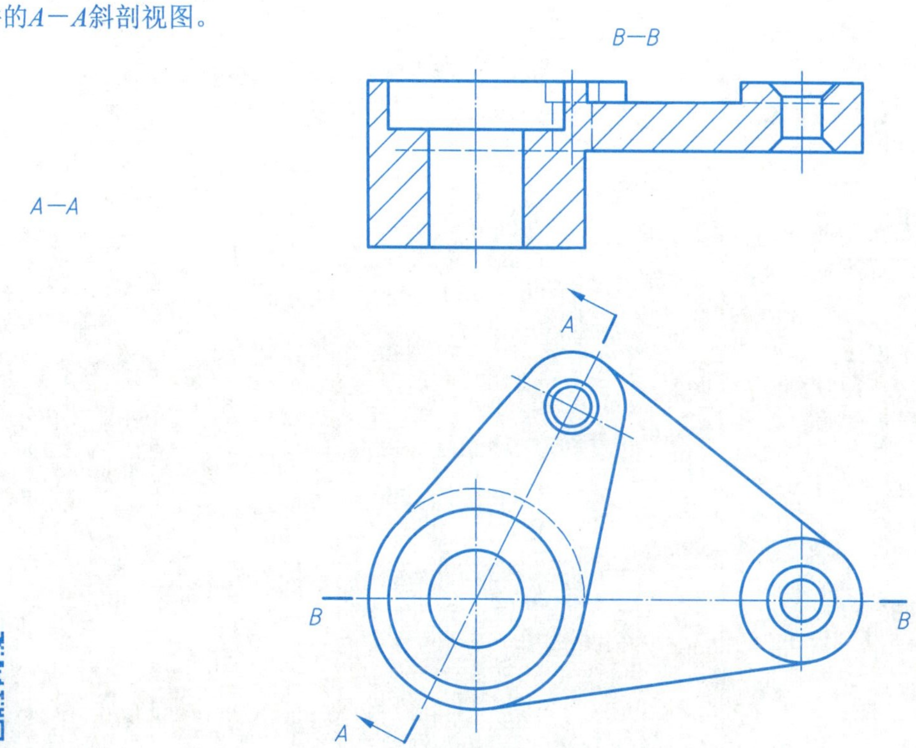

3. 将机件的主视图画成$A-A$剖视图，并作$B-B$斜剖视图。

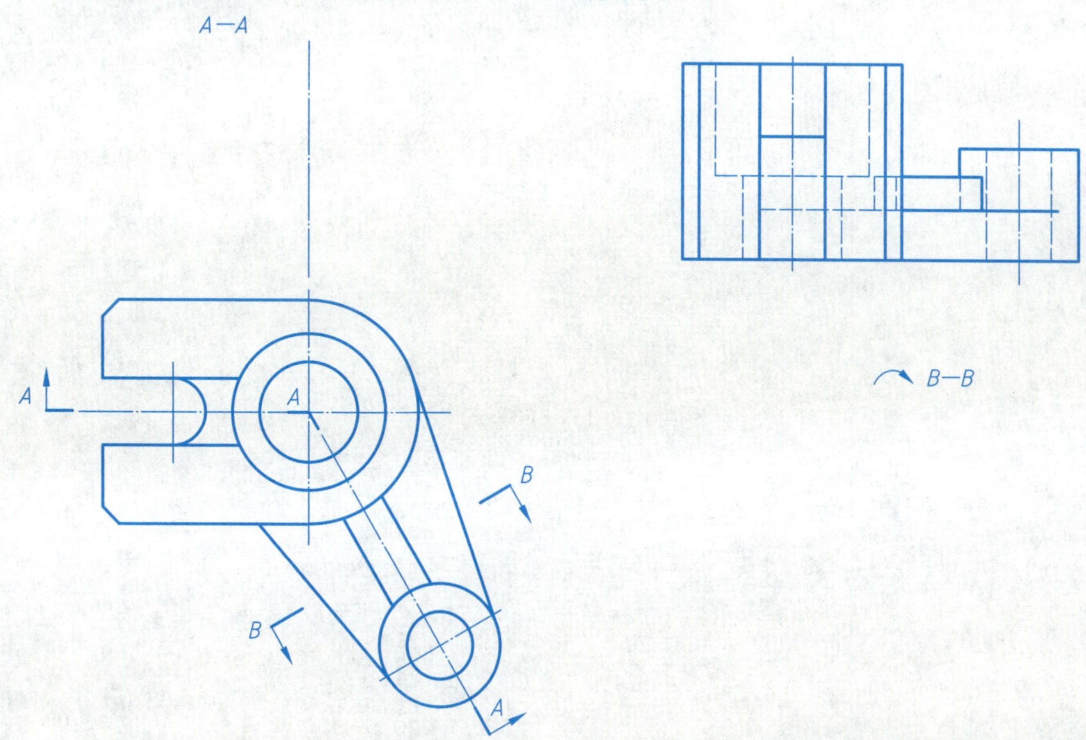

7-7 断面图及规定画法

姓名　　　　班级　　　　学号

1. 画出机件指定的断面图。

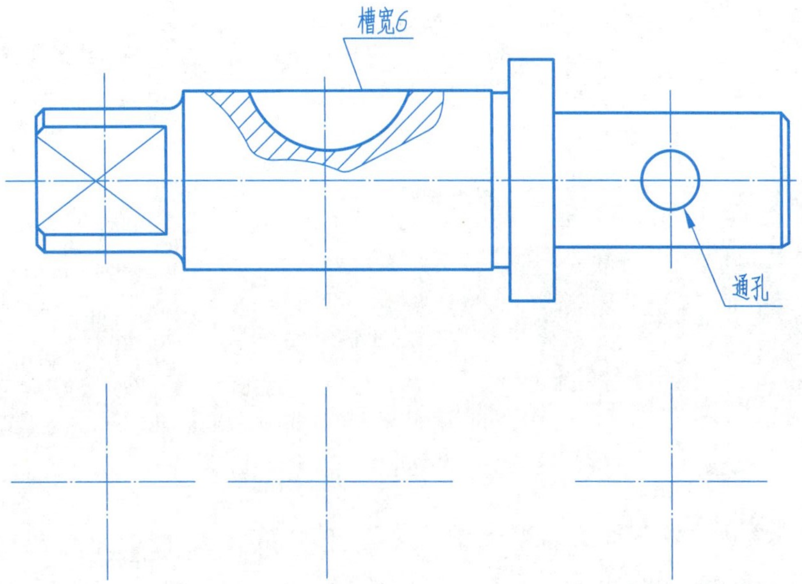

2. 在机件的相交剖切平面迹线的延长线上作移出断面图。

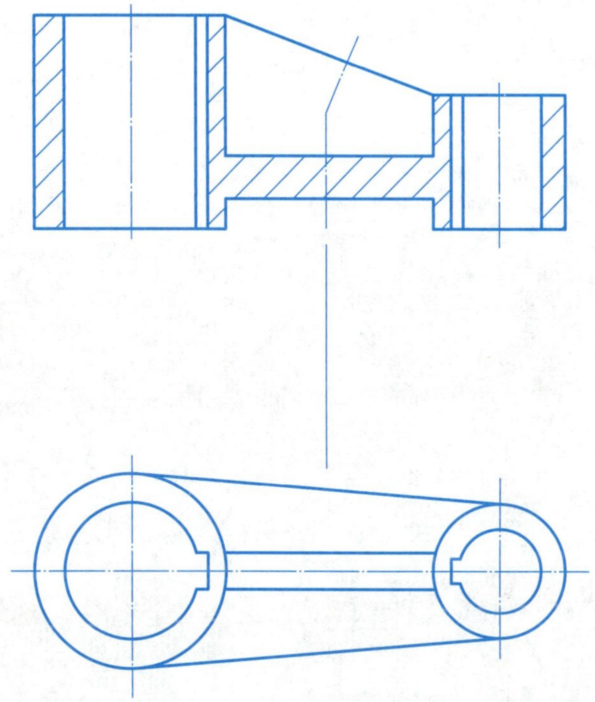

3. 画出机件指定的断面图（键槽深为4 mm）。

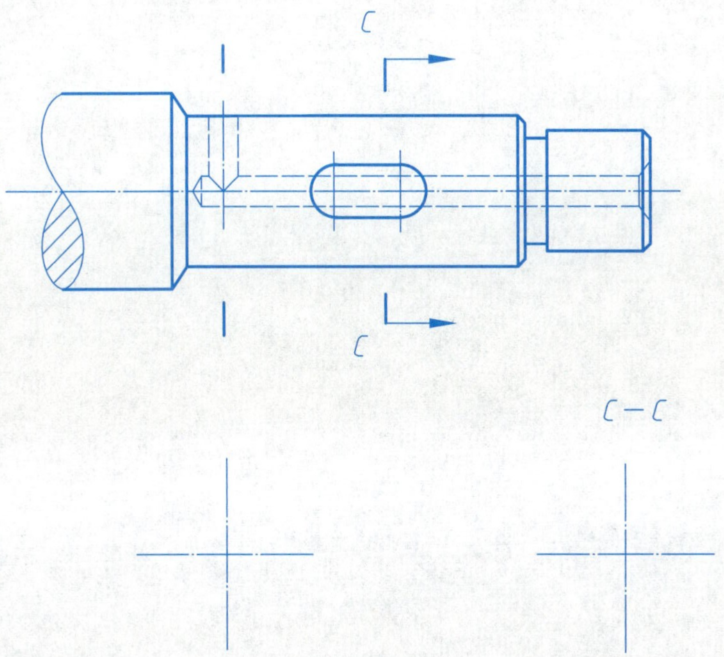

4. 选择正确的$A-A$断面图(在正确的图形旁画“√”)。

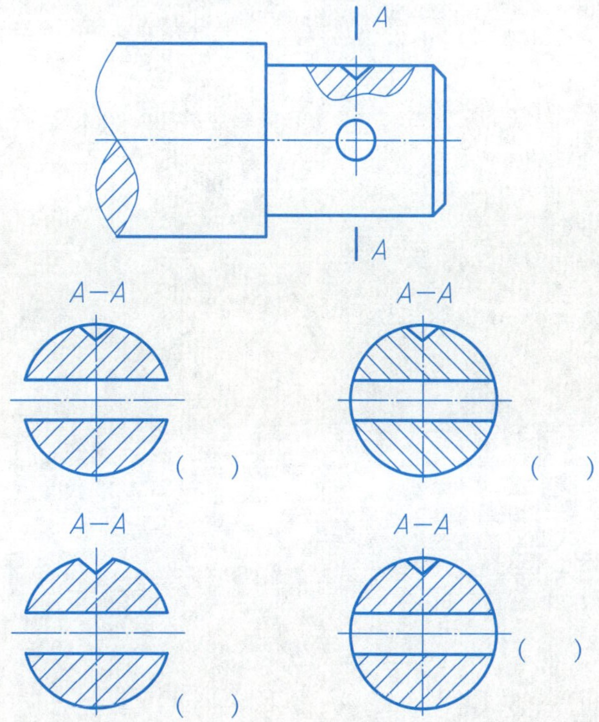

5. 在指定位置画出机件正确的剖视图。

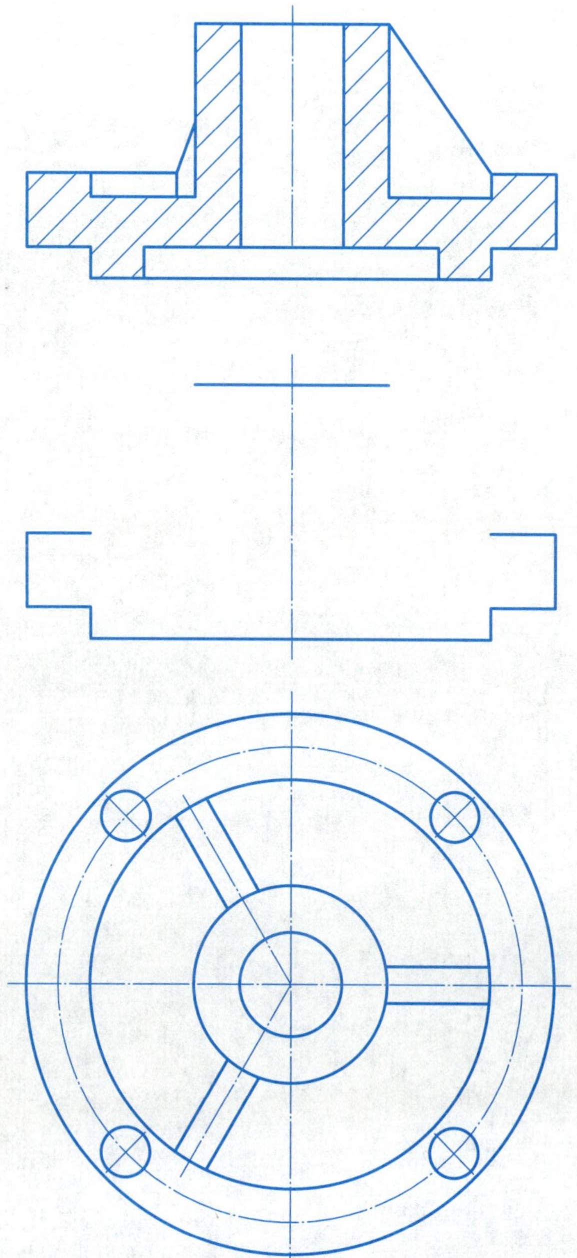

7-8 第三次制图作业——剖视图（一） 姓名 班级 学号

一、目的、内容与要求

1. 目的、内容：在“物”与“图”之间的对应关系以及视图、剖视图、断面图练习的基础上，根据所绘机件的视图选择并画出所需的剖视图、断面图和其他视图，并标注尺寸。本作业共4个分题，不同专业按需要用尺规或计算机完成其中1~3个分题。

2. 要求：对指定的机件选择恰当的表达方案，将机件的内、外形状表达清楚。

二、图名、图幅、比例

1. 图名：剖视图。
2. 图幅：A3。
3. 比例：由各分题确定。

三、绘图步骤及注意事项

1. 读懂所给视图，选择适当的表达方案。
2. 根据给定的图幅，选择合适的比例。
3. 合理布置各视图在图纸上的位置。
4. 初步绘制各视图。画图时要注意将视图改画成适当的剖视图，以及按需要画出剖面和其他视图，并配置和调整各部分尺寸，完成底稿。
5. 加深各视图。经仔细检查，确认无误后，加深各视图。
6. 填写标题栏。

1.

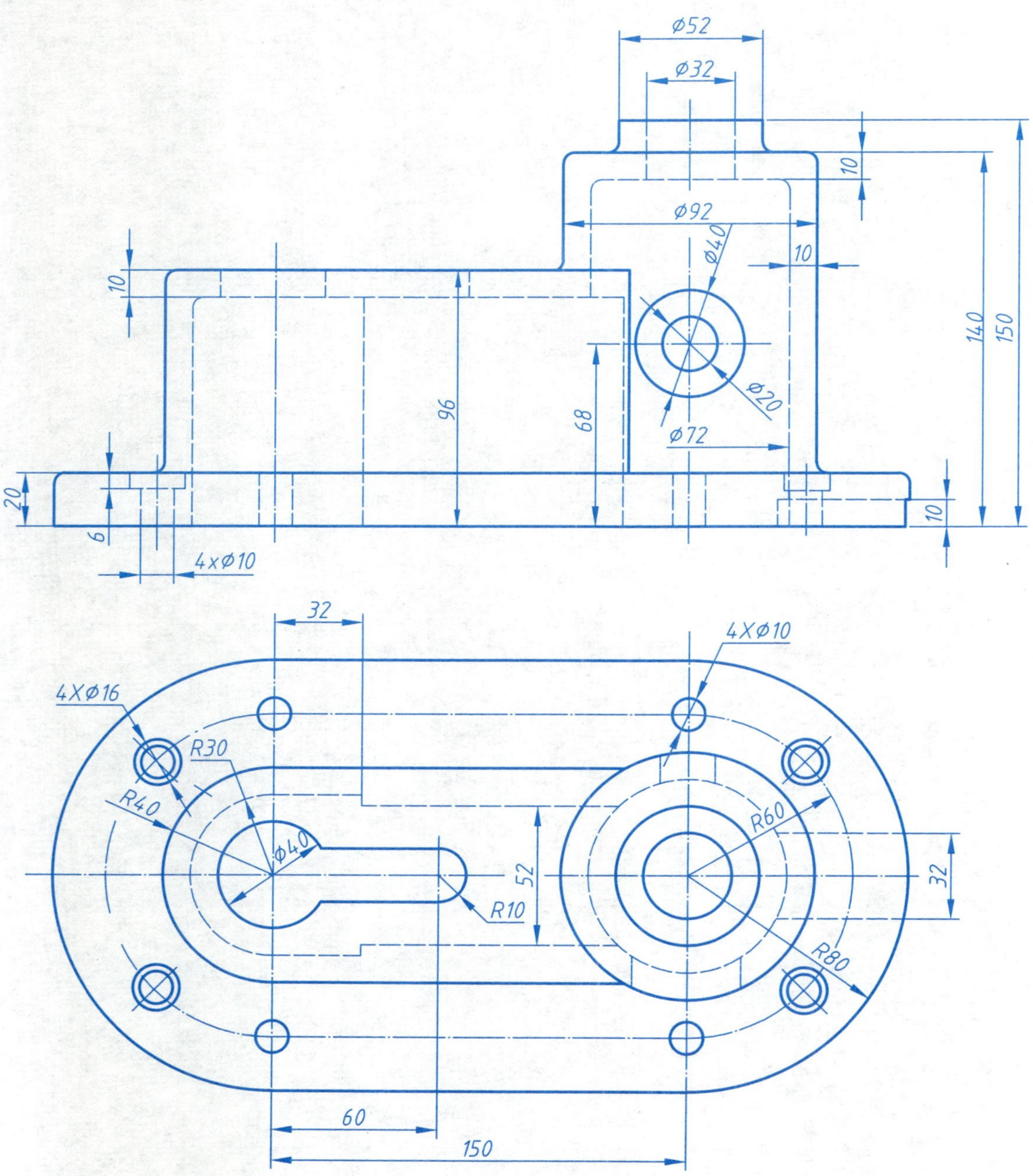

2.

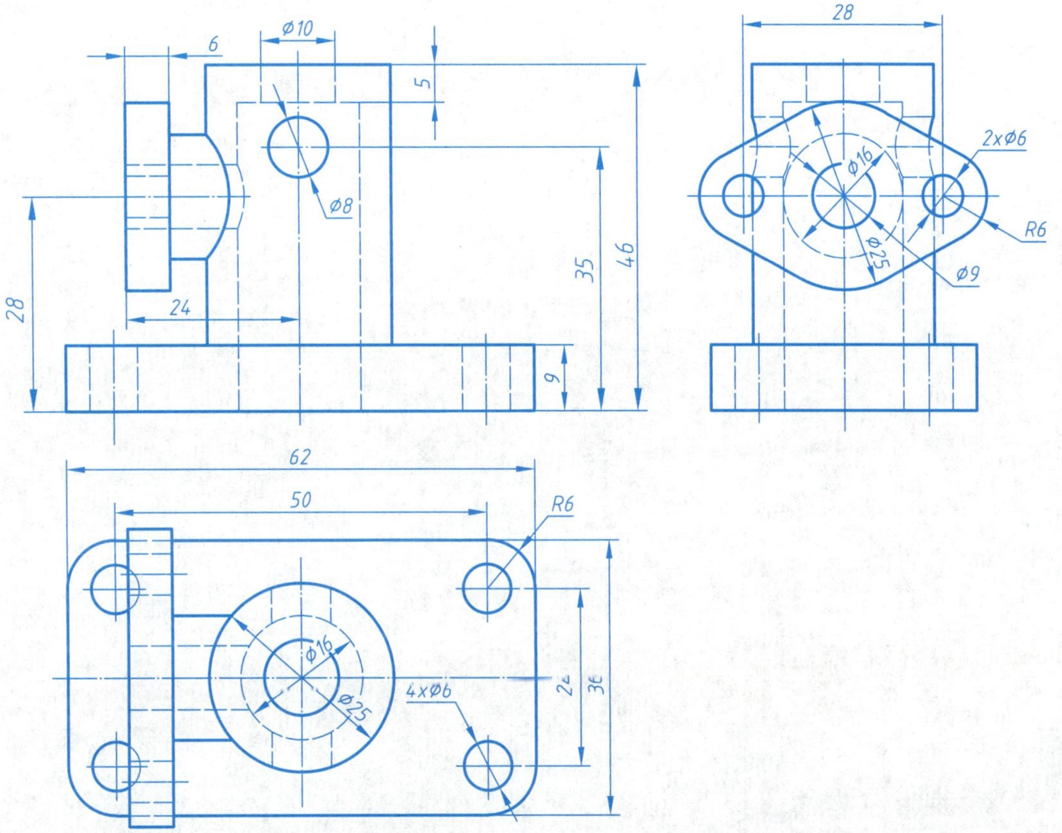
6
Ø10
5
Ø8
28
24
35
46
9
28
2xØ6
Ø16
R6
Ø25
Ø9
62
50
R6
Ø16
Ø25
4xØ6
24
36

3.

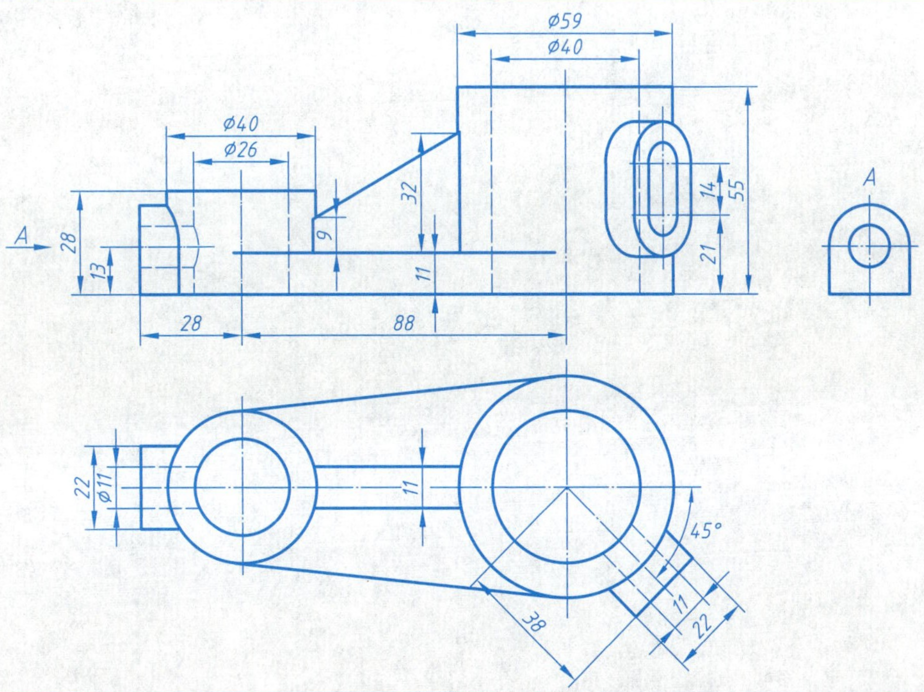
Ø59
Ø40
Ø40
Ø26
32
9
A
28
13
11
14
55
21
28
88
A
22
Ø11
11
45°
38
11
22

4.

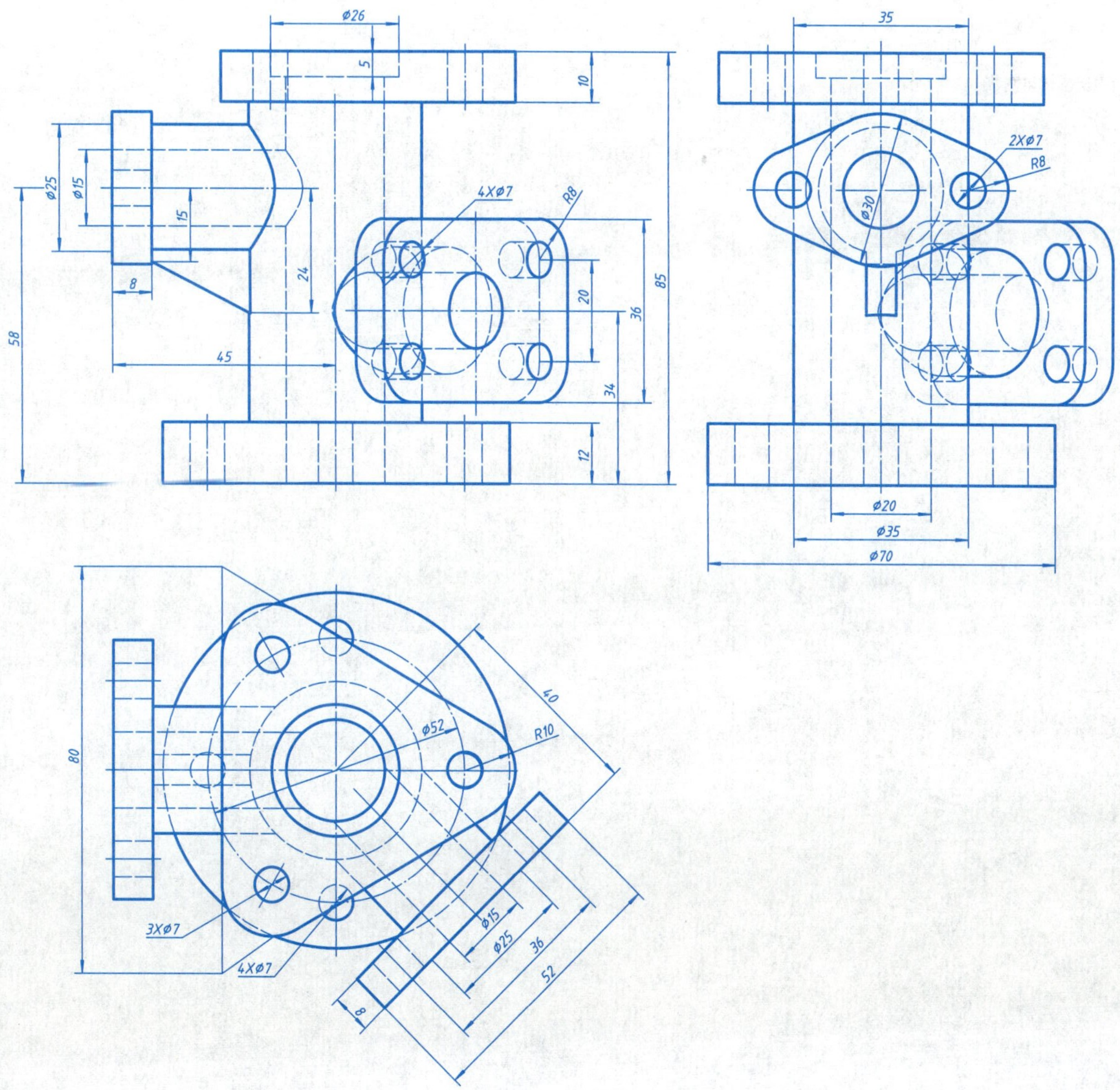
Ø26
5
10
Ø25
Ø15
15
4XØ7
R8
24
8
45
58
20
36
34
85
12
35
2XØ7
R8
Ø30
Ø20
Ø35
Ø70
80
40
Ø52
R10
3XØ7
4XØ7
Ø15
Ø25
36
52
8

8-1 螺纹的规定画法和标注

1. 按规定画法，绘制螺纹的主、左两视图(1:1)。

(1) 外螺纹:大径为M20、螺纹长为30 mm、螺杆长为40 mm、螺纹倒角为$C2$。

(2) 内螺纹:大径为M20、螺纹长为30 mm、孔深为40 mm、螺纹倒角为$C2$。

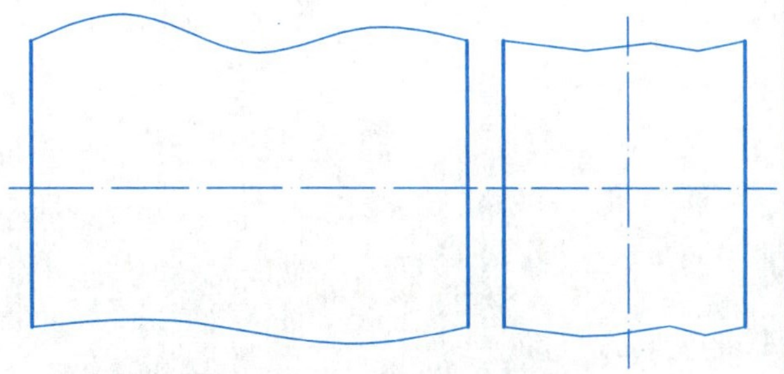

2. 将1. (1)中的外螺纹调头，旋入1. (2)中的螺孔，旋合长度为20 mm，作出连接画法的主视图。

3. 已知下列螺纹代号，试识别其意义并填表。

螺纹代号	螺纹种类	大径	螺距	导程	线数	旋向	公差代号（中径）	旋合长度（种类）
M20-5g6g-s								
M20X1-6H-LH								
Tr50X24(P8)-8e-L								
G1A								
B32X6-7e								

4. 根据下列给定的螺纹要素，在图中标注出螺纹的标记。

(1) 细牙普通螺纹，大径为20 mm，螺距为1.5 mm，单线，左旋，中径及顶径公差带代号均为6H，中等旋合长度。

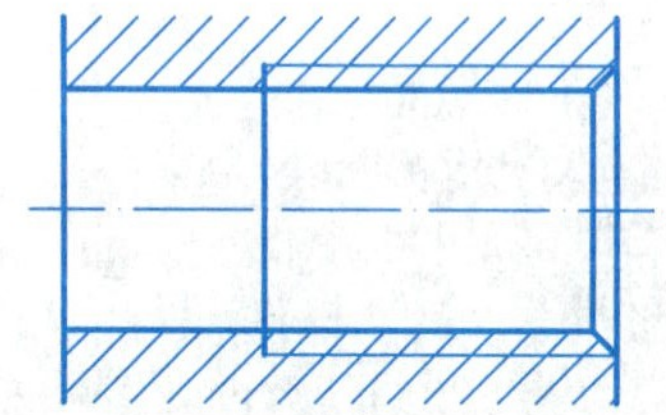

(2) 粗牙普通螺纹，大径为24 mm，螺距为3 mm，单线，右旋，中径及顶径公差带代号均为6h，中等旋合长度。

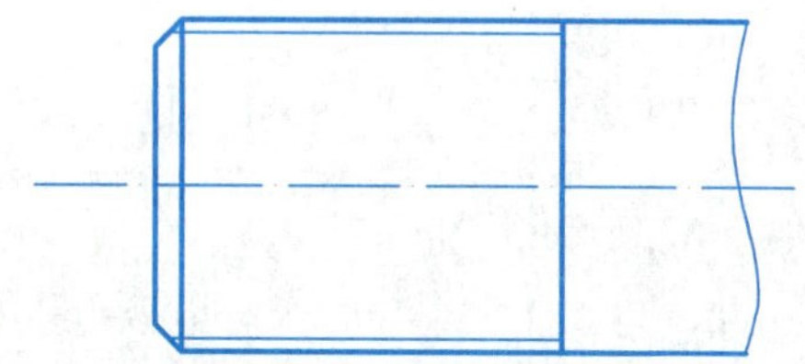

(3) 55° 非密封管螺纹，尺寸代号为3/4，公差带等级为A级。

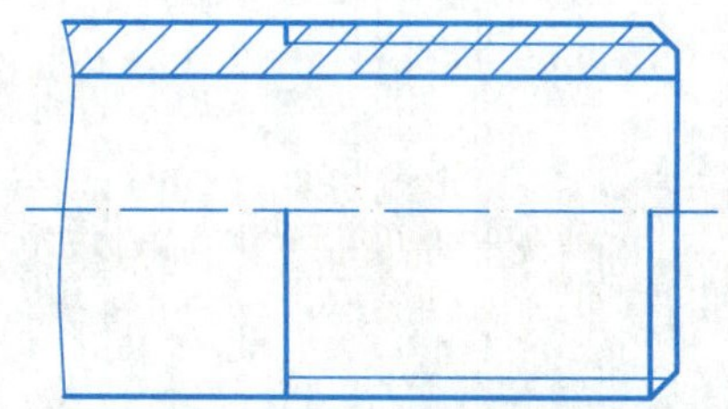

(4) 梯形螺纹，大径为32 mm，双线，导程为12 mm，左旋，公差带代号为8e，长旋合长度。

5. 将图中错误之处圈出，并在指定位置画出正确图形。

(1)

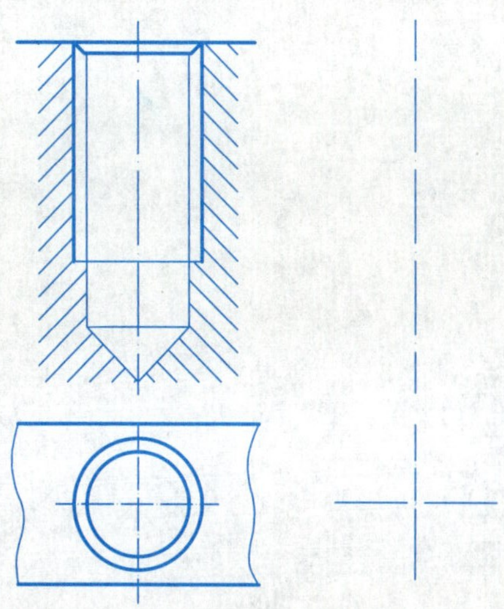

(2)

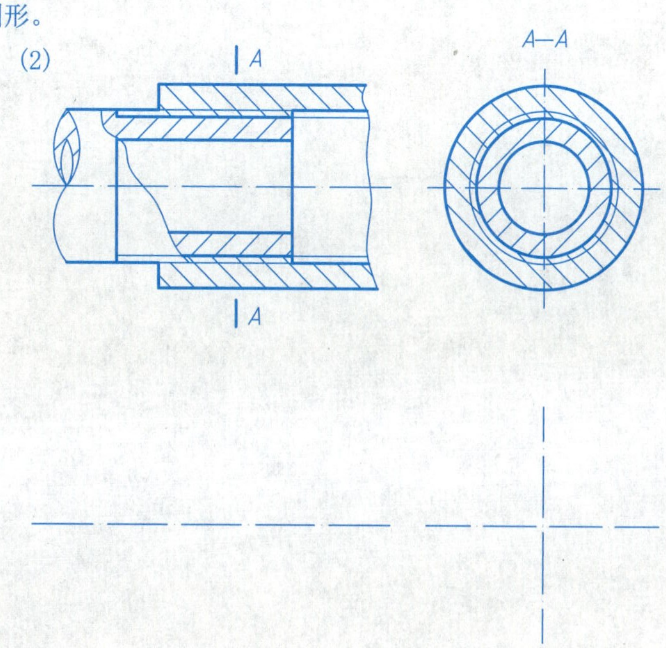

1. 将指定表面粗糙度用代号标注在图上。

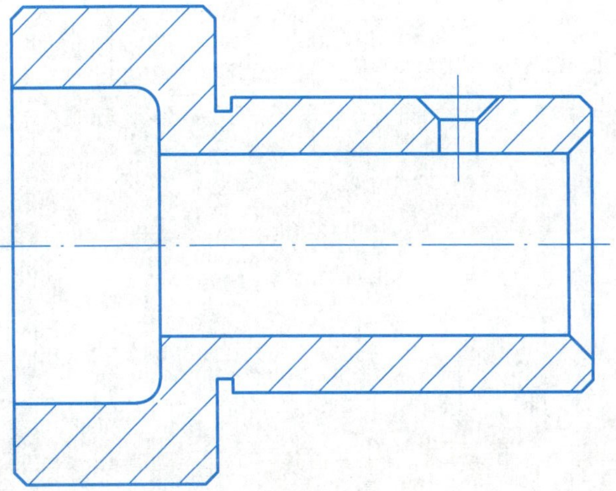

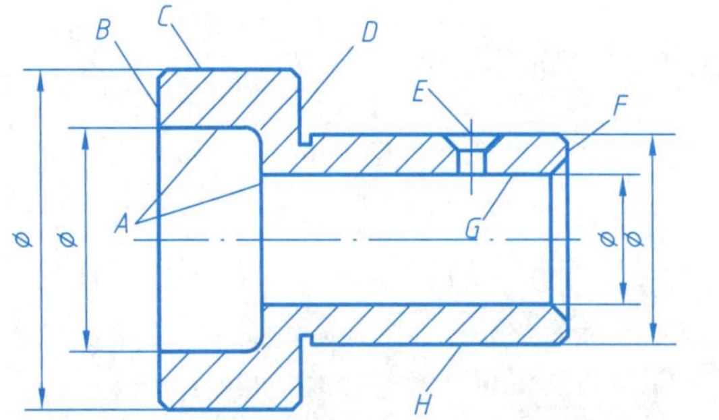

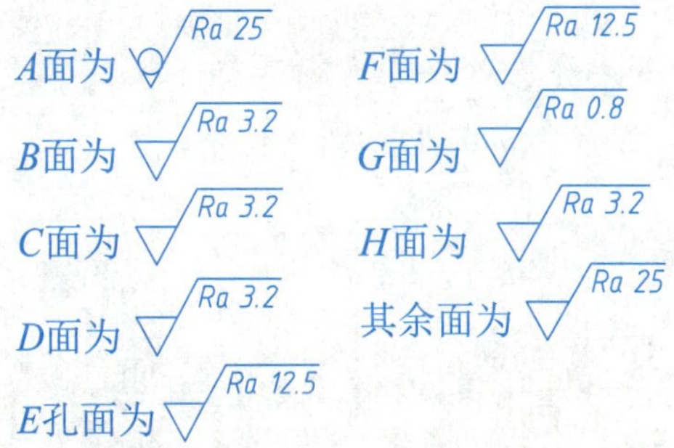

2. 根据装配图中的配合尺寸，在零件图中标注出公称尺寸和上、下极限偏差数值，并填空说明属于何种配合制度和配合类别。

（1）轴和套的配合采用基_____制，是_______配合。

（2）套和座体的配合采用基_____制，是______ 配合。

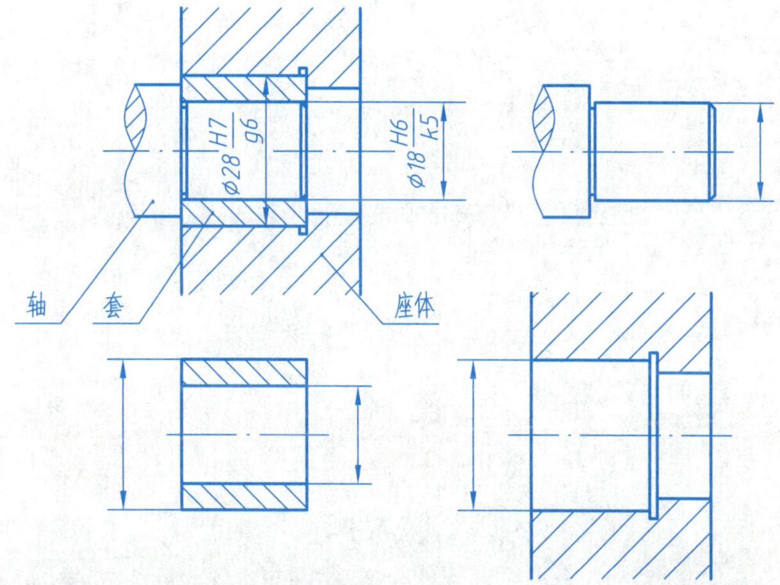

3. 根据零件图上标注的极限偏差数值，在装配图上标注出相应的配合代号。

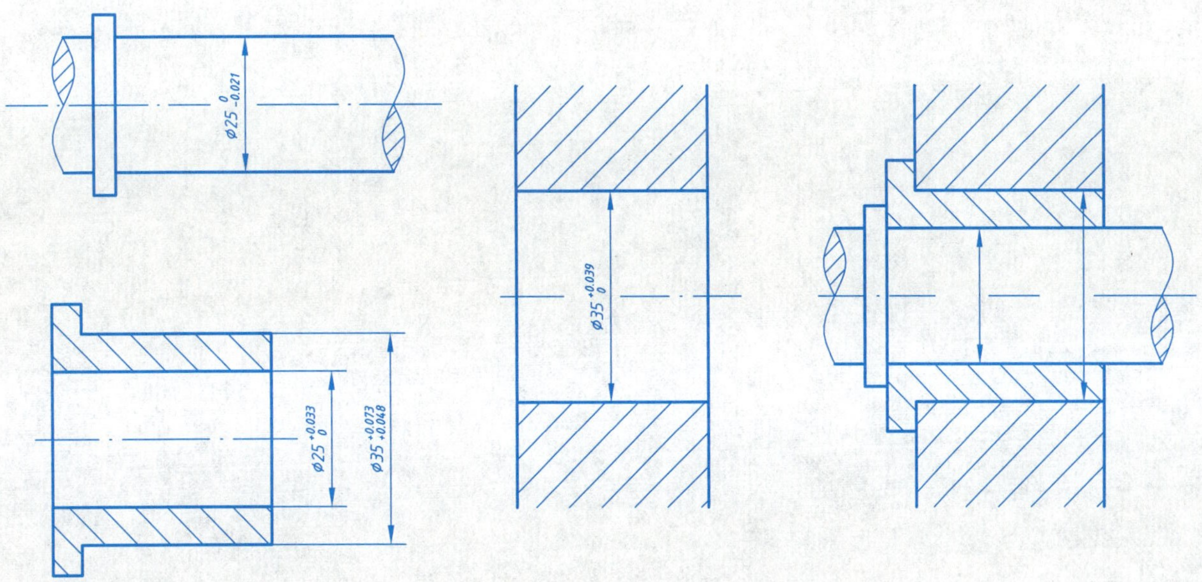

4. 根据文字说明，在图中标注几何公差的符号和代号。

（1）ϕ40g6的圆柱度公差为0.03 mm。

（2）ϕ40g6的轴线对ϕ20H7轴线的同轴度公差为ϕ0.05 mm。

（3）右端面对ϕ20H7轴线的垂直度公差为0.15 mm。

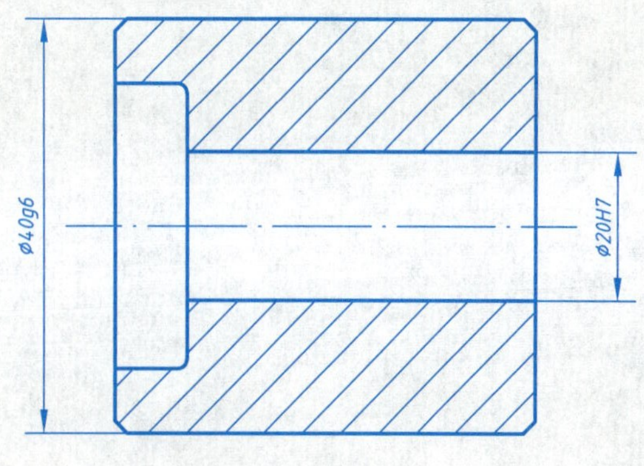

1. 看懂输出轴的零件图，并完成问题填空和作图。

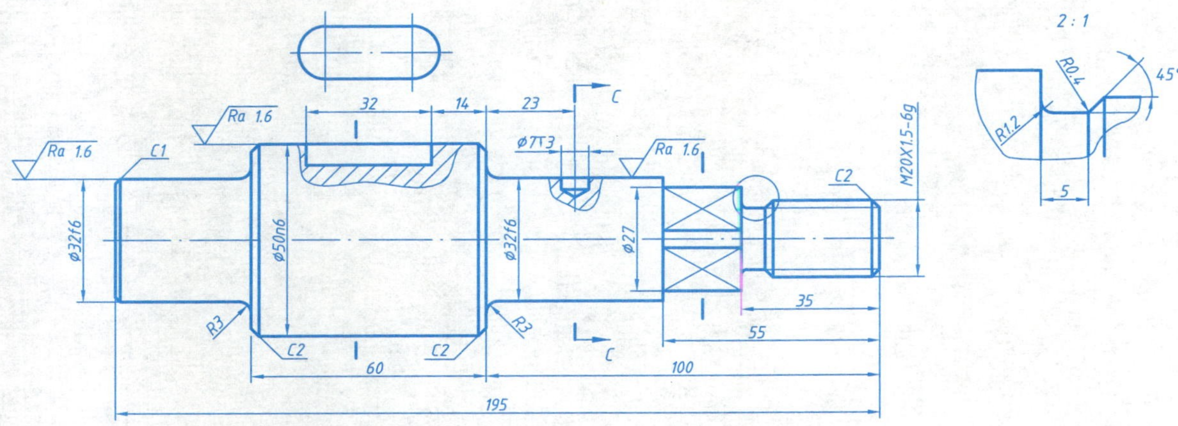

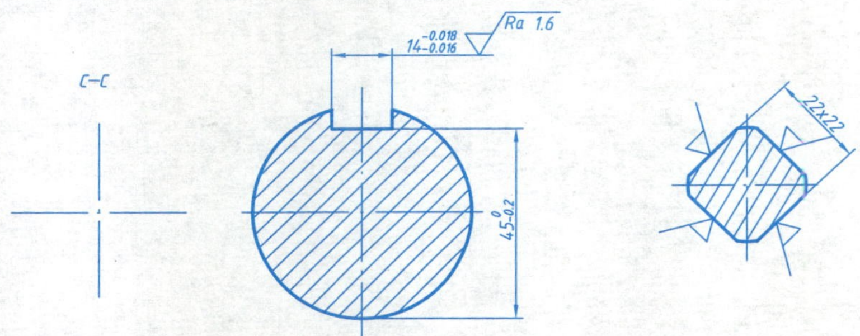

技术要求

调质处理241~269 HBW。

1.该零件采用了哪些表达方法?

2.主视图上的尺寸195、32、14、23、ϕ7分别属于以下哪类尺寸:

总体尺寸______；定位尺寸______；

定形尺寸______。

3.图中标题栏上面注出的“Ra 6.3(√)”的含义是______________。

4.ϕ32f6的上极限偏差为______，下极限偏差为______，

上极限尺寸为______，

下极限尺寸为______，公差为______。

5.在图中作出C—C的移出断面图。

√ = Ra 3.2 √

Ra 6.3 (√)

输出轴		比例	1:1	
		数量		
制图		重量		材料 45
描图				
审核				

2. 看懂套筒的零件图，并完成问题填空和作图。

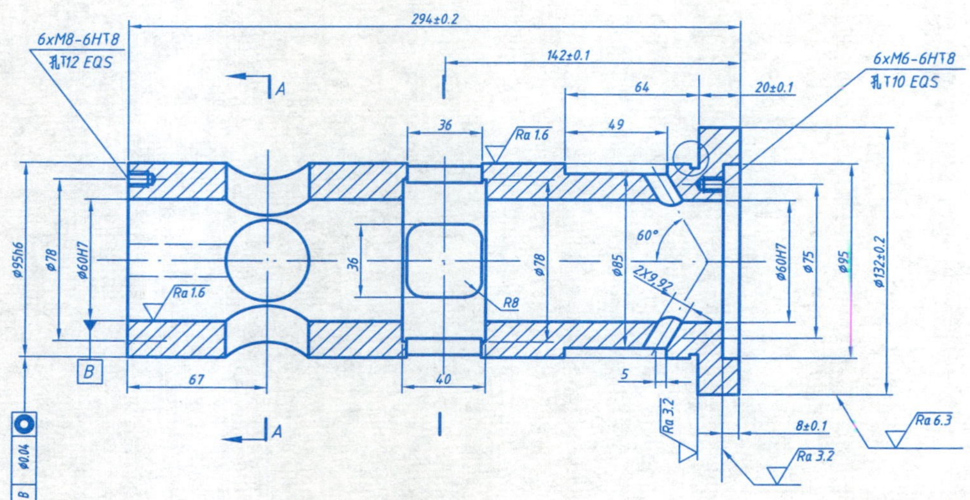

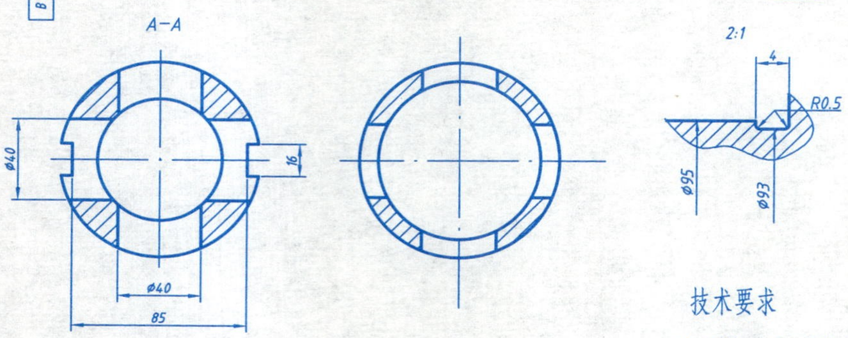

1.读套筒的零件图，画出其左视图（虚线省略不画）。

2.填空：

(1) 在垂直轴线方向有________种孔，一种是__________的______孔，一种是________的________孔。

(2) 退刀槽有________处，其尺寸分别为______mm、______mm和__________mm。

(3) 在图中M6—6H孔有________个，其定位尺寸为________mm。

Ra 12.5 (√)

技术要求

1.锐边倒钝，未注倒角为C2。

2.全部螺孔均有倒角C1。

套筒		比例	1:2	
		数量		
制图		重量		材料 45
描图				
审核				

3. 看懂端盖的零件图，补画右视图，并完成填空。

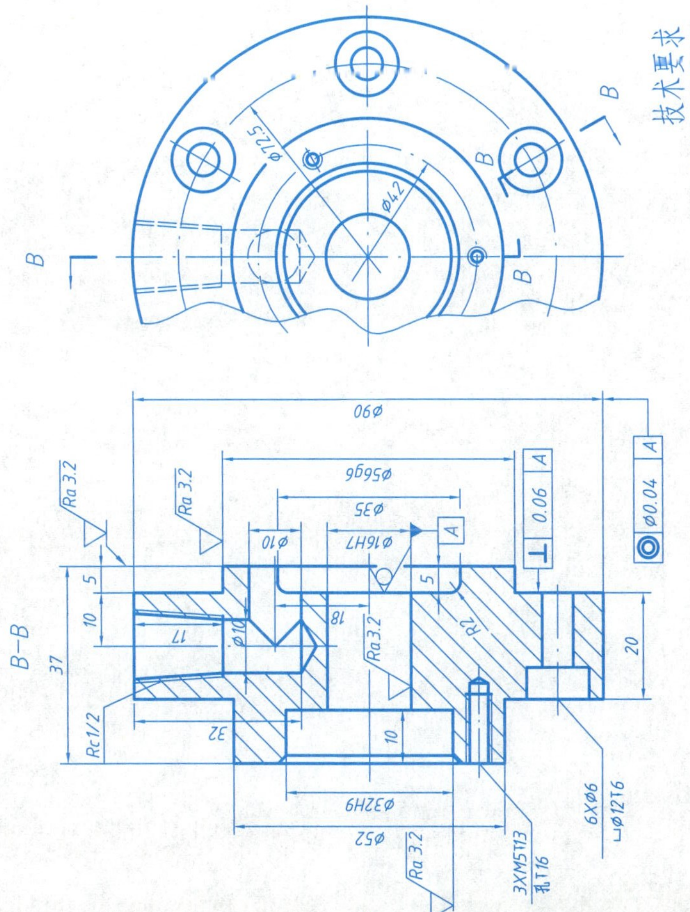

技术要求

1. 铸件不得有砂眼。
2. 锐边倒角为C1。
3. 所有螺纹倒角均为C1.5。
4. 铸件应作时效处理。

Ra 12.5 (√)

端盖	比例	1:2.5	材料	HT150
	数量			
	重量			
制图				
描图				
审核				

1. 零件的主视图是____剖视图。
2. 零件的长度方向尺寸的主要基准在直径为____圆柱体的____端面。
3. 该零件左端面的凸缘有____个螺孔，公称尺寸是____，螺纹的长度是____。
4. 该零件有____个沉孔，定位尺寸为____，定形尺寸为____。
5. 零件上有____处几何公差，它们的名称分别是____度和____度，基准是____。

4. 看懂支架的零件图，并完成作图和填空。

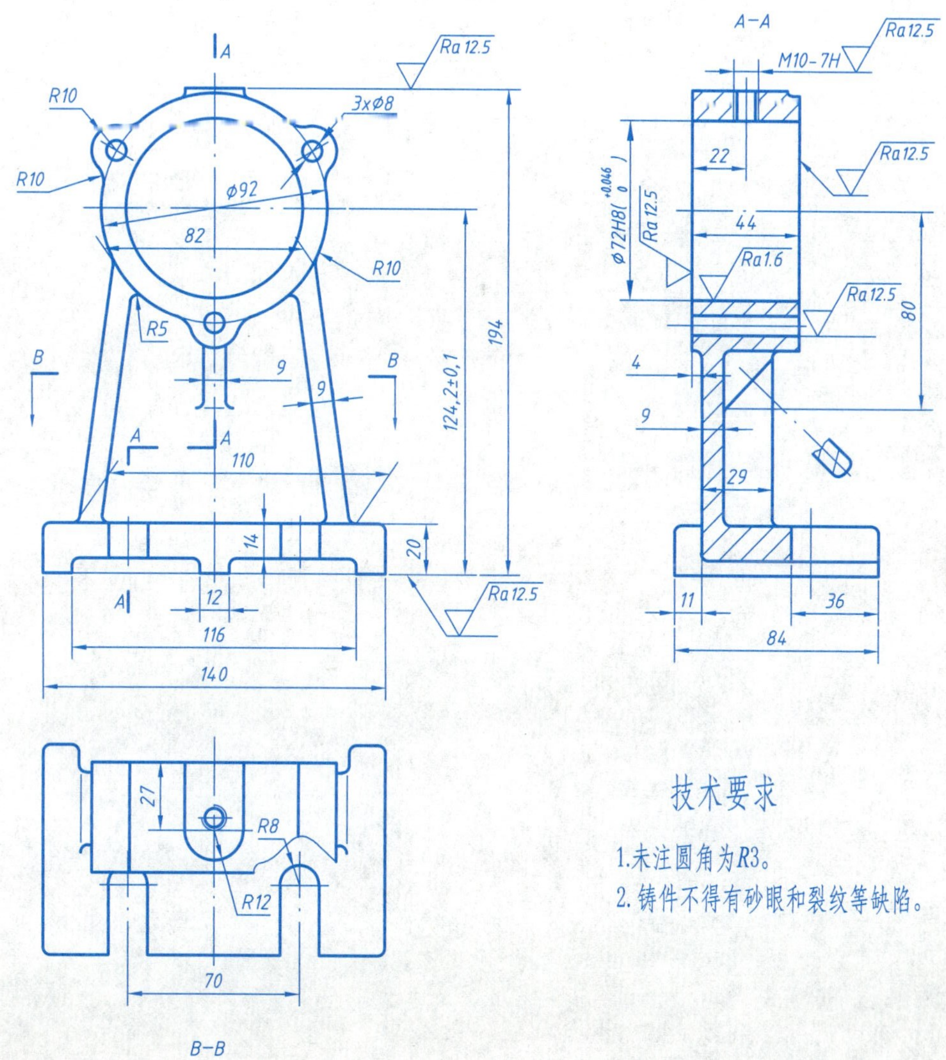

技术要求

1. 未注圆角为R3。
2. 铸件不得有砂眼和裂纹等缺陷。

√(√)

1. 读支架零件图，画出其B—B全剖视图(虚线省略不画)。
2. 填空：
   (1) 3Xφ8的定位尺寸为______mm。
   (2) A—A为______剖切的______剖视图。

支架	比例	1:2	材料	HT150
	数量			
制图	重量			
描图				
审核				

5. 看懂壳体的零件图，补画主视图（外形图），并完成填空。

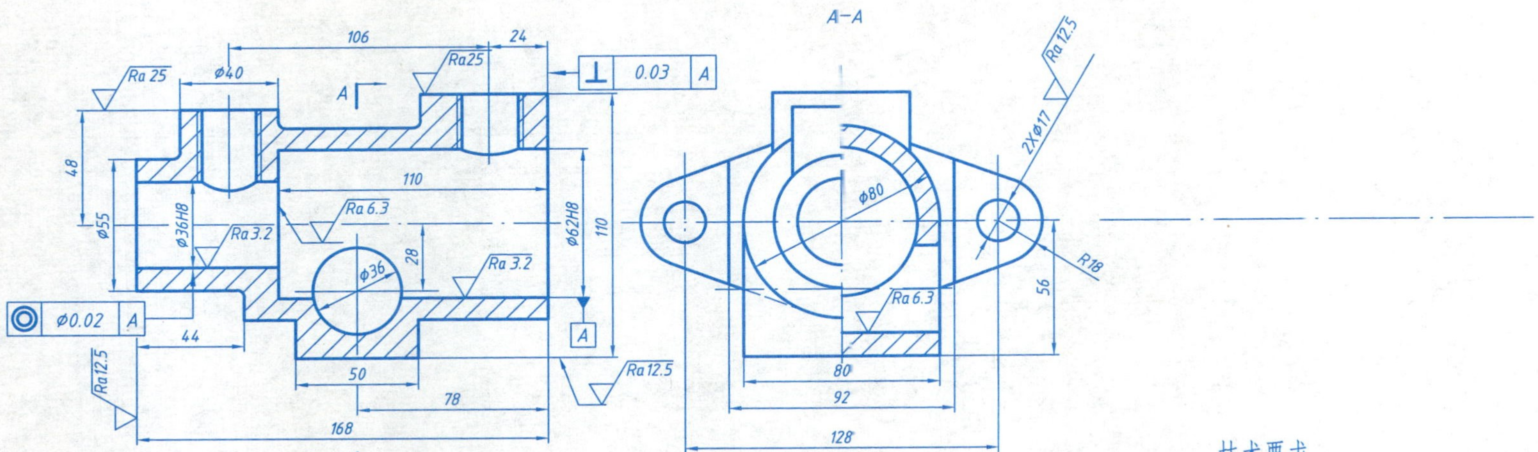

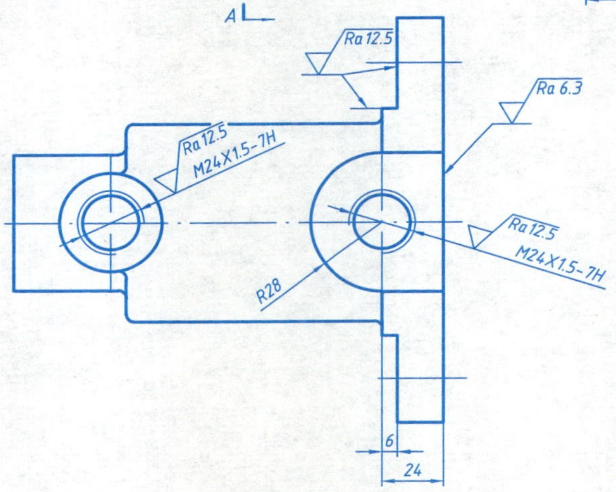

技术要求

1.未注铸造圆角为R3～R5。
2.铸件不得有裂纹、砂眼等缺陷。
3.铸造后应去毛刺和锐角倒角。

1.该零件属于______类零件，材料是______。
2.该零件采用______表达方法。
3.φ36孔的定位尺寸：______。
4.解释主视图中用框格所标注的几何公差的含义：
符号“⊥”表示______，“0.03”是______，
“A”是______。

√ (√)

壳体		比例	1:2		
		数量			
制图		重量		材料	HT150
描图					
审核					

6. 看懂底盘的零件图，并画出右视图，完成填空。

右视图

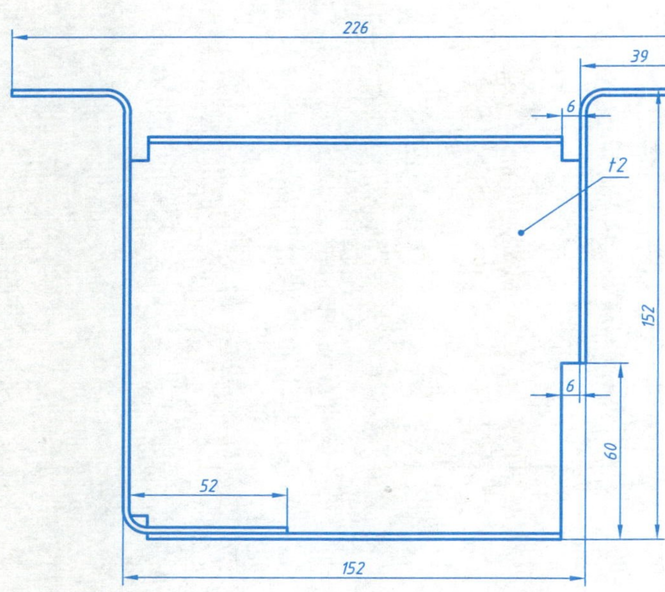

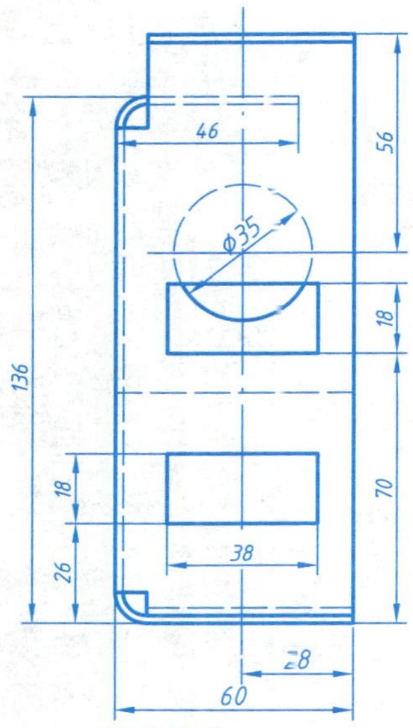

技术要求

1.零件由铝板下料弯制。
2.折弯处内圆角R=6 mm。
3.内孔的表面粗糙度Ra等于25 μm。

孔 Ra 25

√ (√)

1.板材的厚度为______mm。
2.折弯处的内圆角半径为______mm。
3.零件上出现的孔有______种，共有______个。

底盘		比例	1:2		
		数量			
制图		重量		材料	LY8
描图					
审核					

一、作业目的

熟悉零件图的内容和要求，掌握绘制零件工作图的方法。

二、作业内容

画轴、端盖、阀体和拨叉的零件图，绘制1～2张零件工作图。

三、作业要求

1. 根据立体图，看懂各零件的结构形状，选择恰当的表达方法（视图、剖视图、断面图），完整、正确、清晰地表达零件。
2. 根据选定的表达方案，在A3图纸上选用适当比例画零件图。对零件图中倒角、退刀槽、键槽等结构的尺寸应查表后绘制。

1.

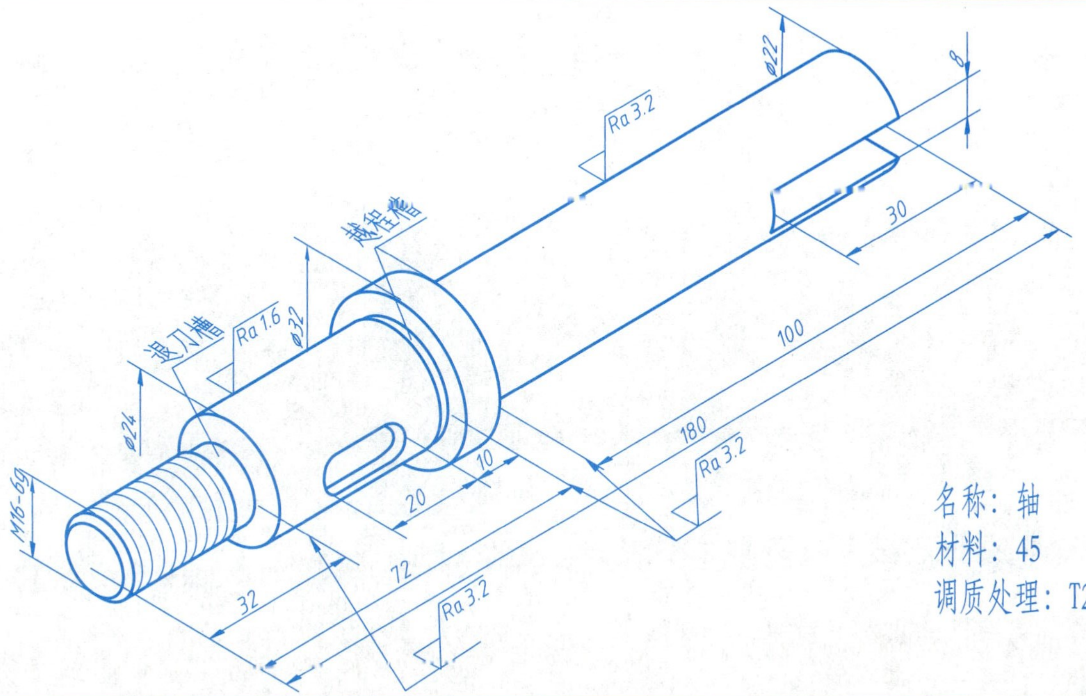

名称：轴
材料：45
调质处理：T235

2.

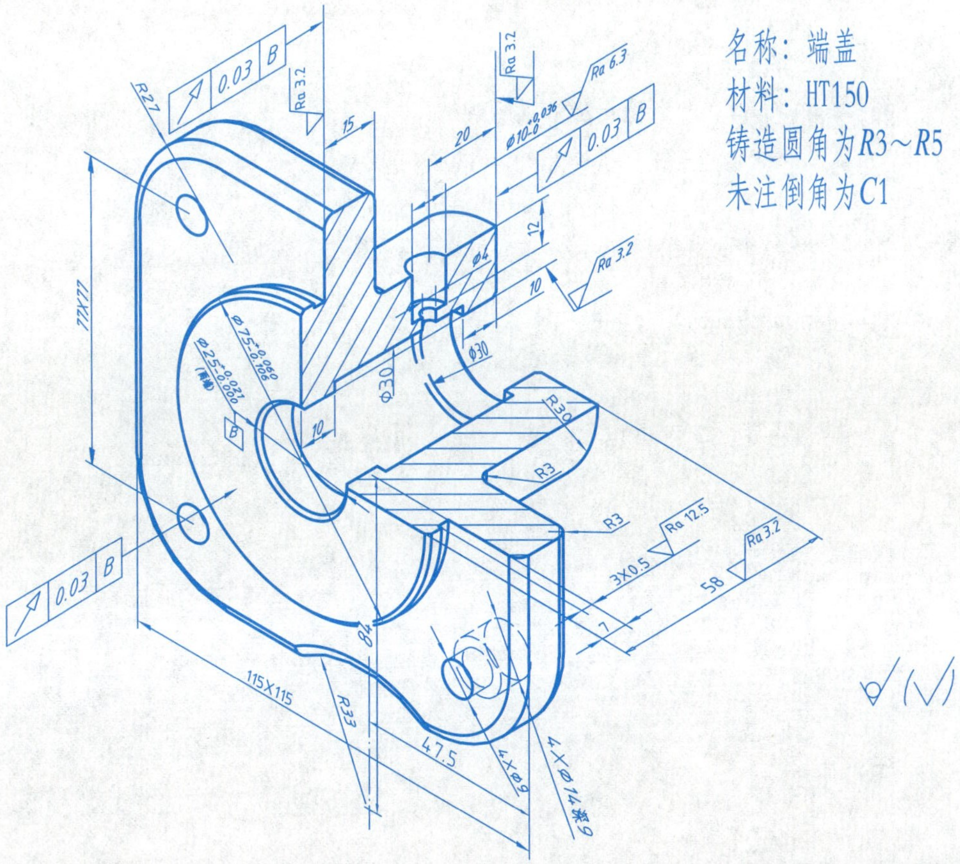

名称：端盖
材料：HT150
铸造圆角为$R3\sim R5$
未注倒角为$C1$

3.

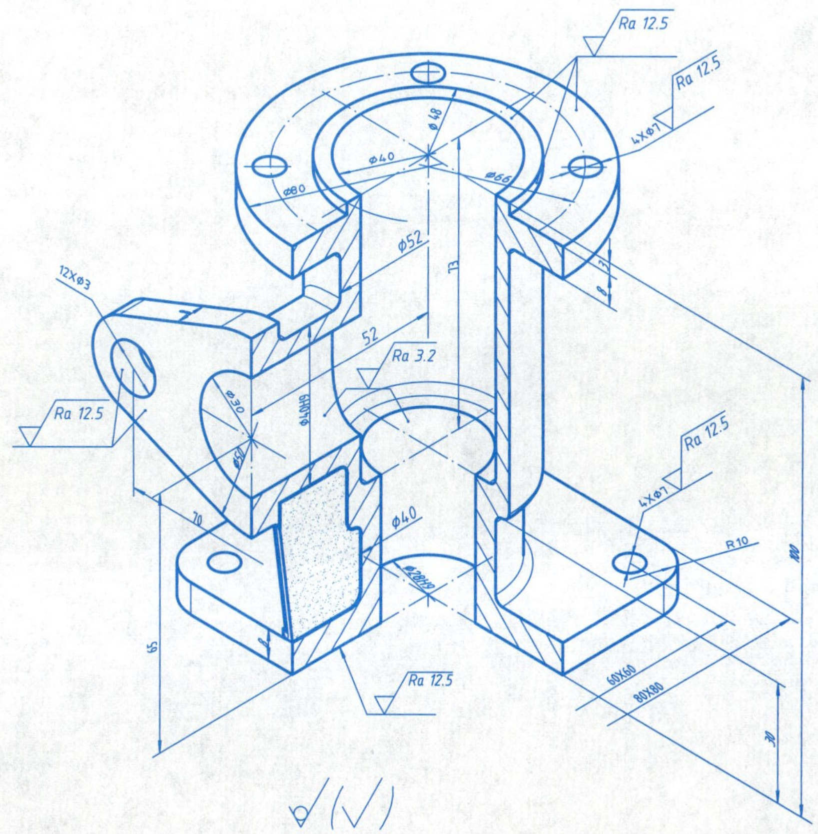

名称：阀体
材料：HT150
铸造圆角为$R2$

4.

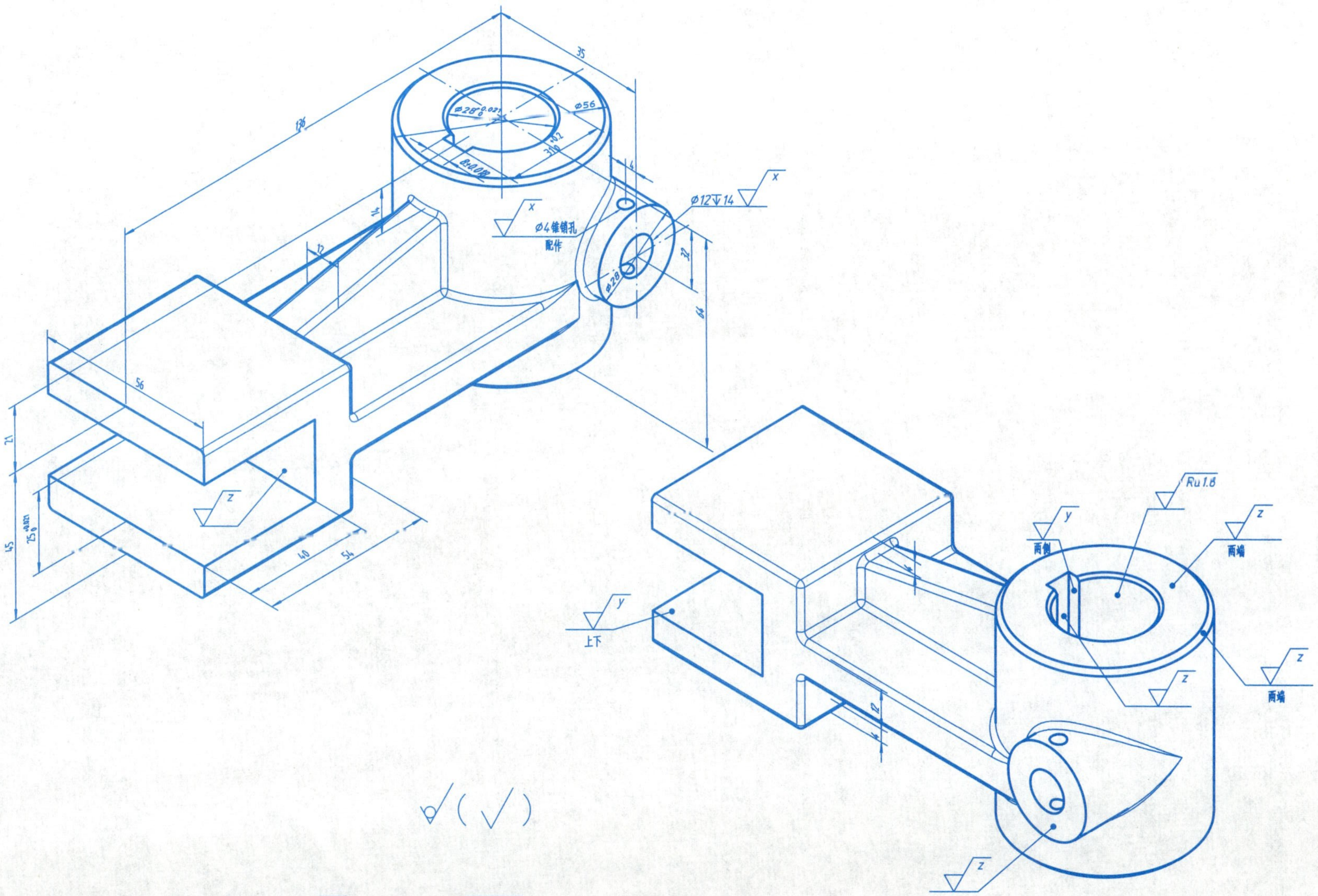

$\sqrt{x}$ = $\sqrt{Ra\ 3.2}$

$\sqrt{y}$ = $\sqrt{Ra\ 6.3}$

$\sqrt{z}$ = $\sqrt{Ra\ 12.5}$

名称：拨叉

材料：HT200

铸造圆角为$R2 \sim R3$

1. 查表后标注下列螺纹紧固件的尺寸数值，并注写其规定标记。

(1) B型双头螺柱：螺纹规格d=M12、公称长度l=40 mm，b_m=d。

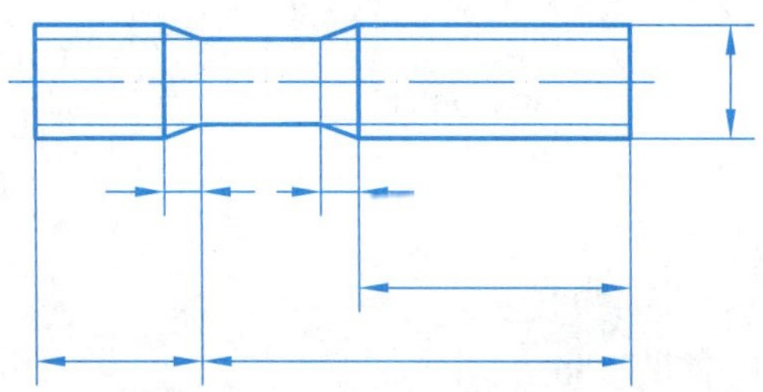

标记 ______________

(2) A级 I 型六角螺母：螺纹规格d=24 mm。

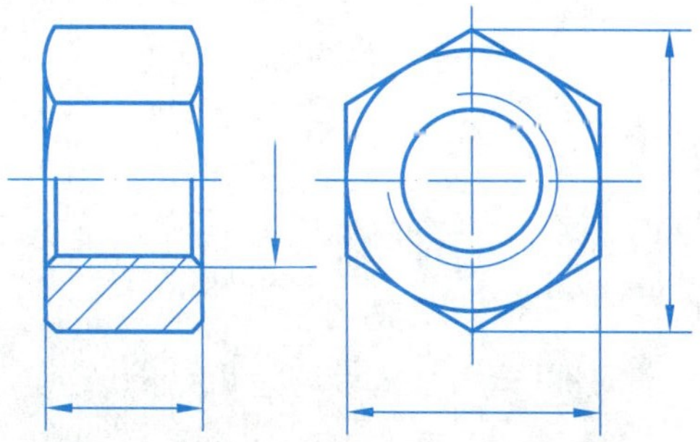

标记 ______________

(3) A级开槽盘头螺钉：螺纹规格d=M10、公称长度l=45 mm。

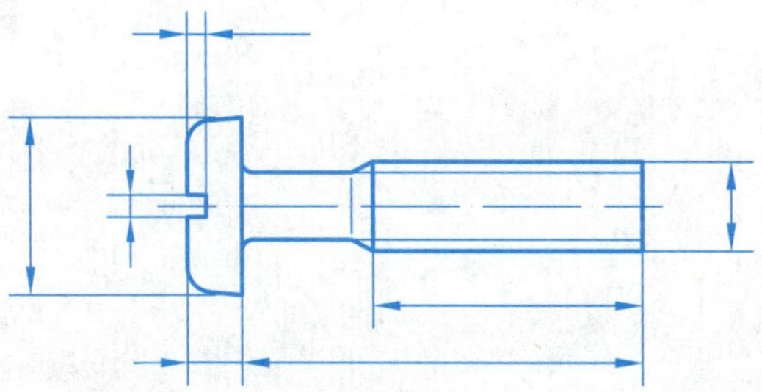

标记 ______________

(4) A级倒角型平垫圈：公称尺寸d=16 mm。

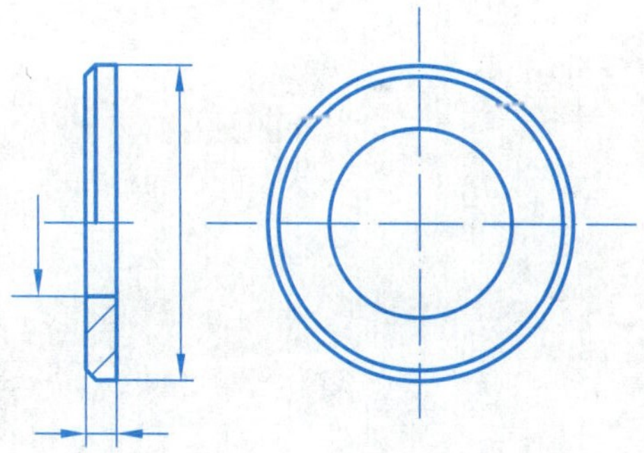

标记 ______________

(5) A级六角头螺栓：螺纹规格d=M12、 公称长度l=55 mm。

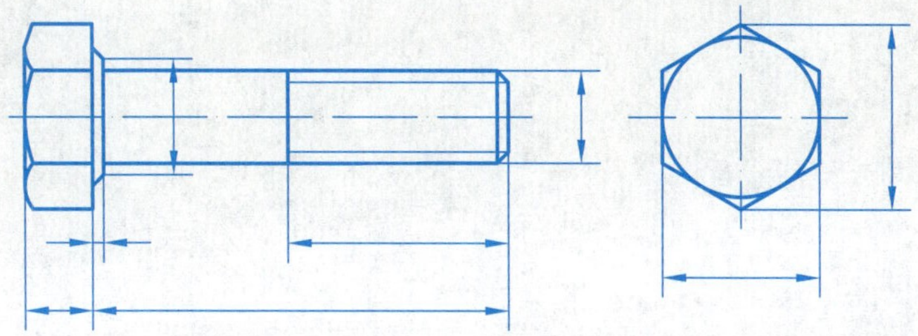

标记 ______________

2. 指出下列图中的错误之处，并在其旁边画出正确的连接图。

(1) 螺栓连接。

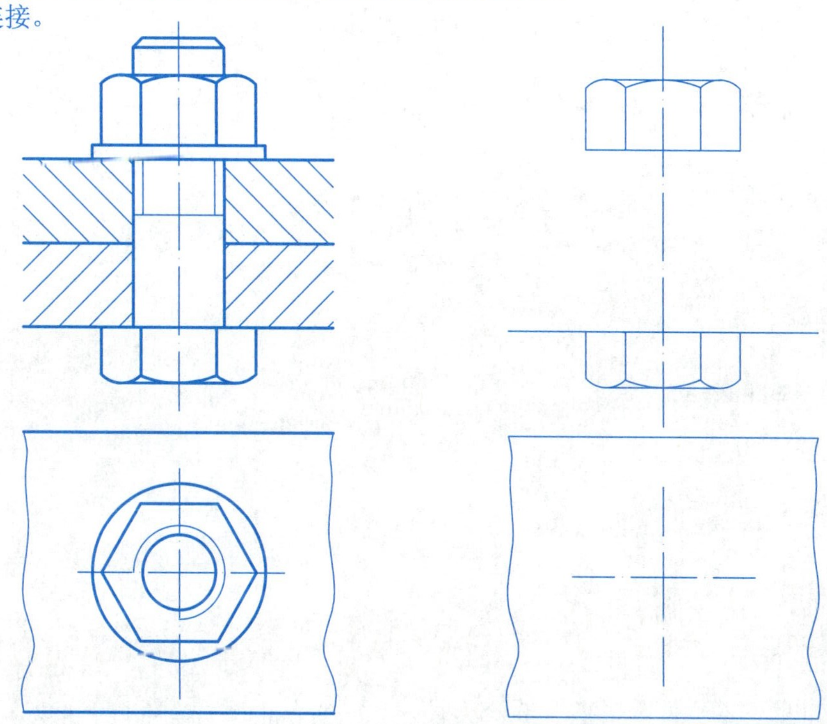

(2) 螺钉连接。

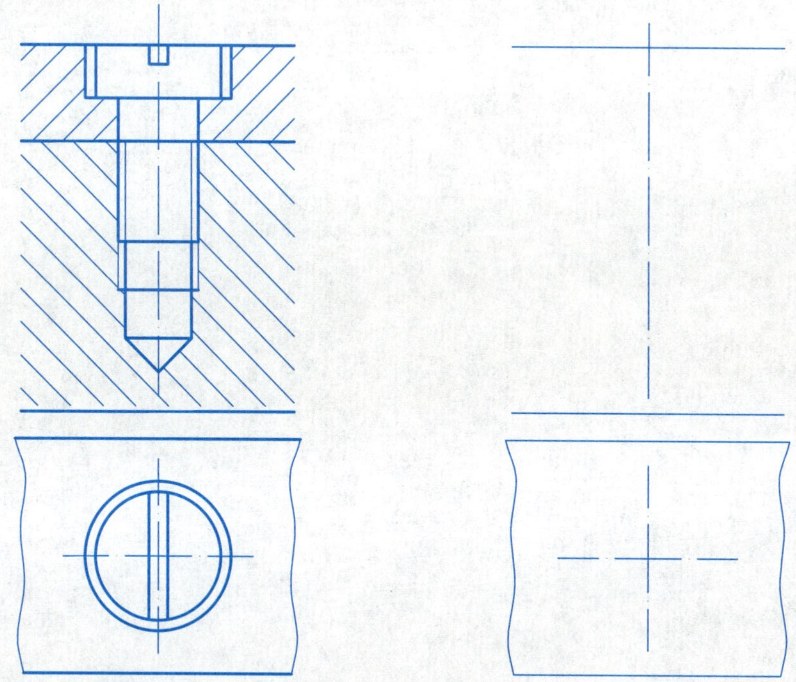

9-2 螺纹紧固件的连接画法及键连接

姓名　　　　班级　　　　学号

1. 已知双头螺柱GB/T 898—1988 M16×40、螺母GB/T 6170—2015 M16，垫圈GB/T 97.1—2002 16，用比例画法作出连接后的主视图、俯视图（1:1）。

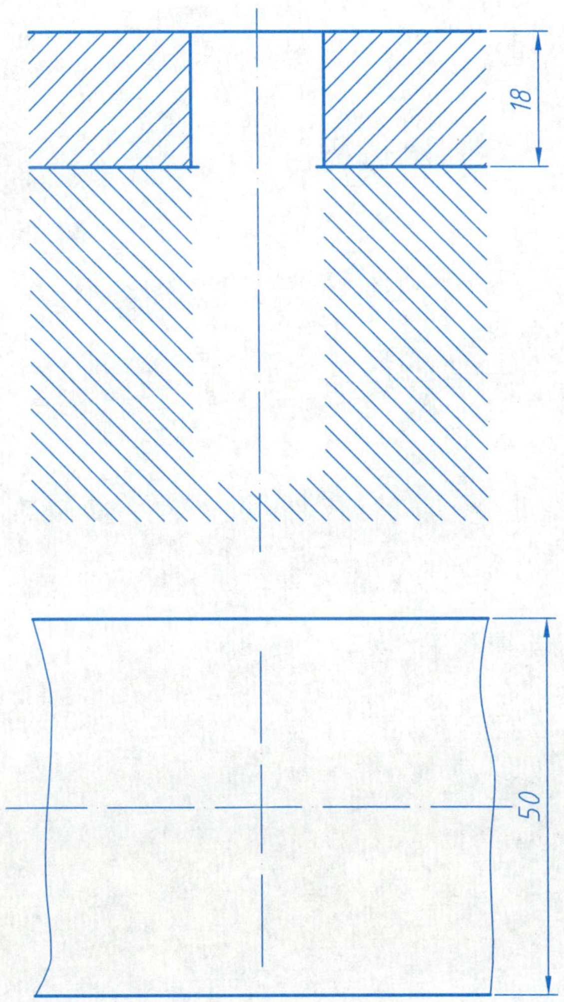

2. 已知齿轮和轴，用A型普通平键连接，键宽b=18 mm，轴孔的直径为60 mm，键的长度为60 mm。

（1）写出键的规定标记：________________________。

（2）查表确定键和键槽的尺寸，按1:2的比例画全下列各视图和断面图，并标注出图（a）和（b）中键槽的尺寸。

（a）轴

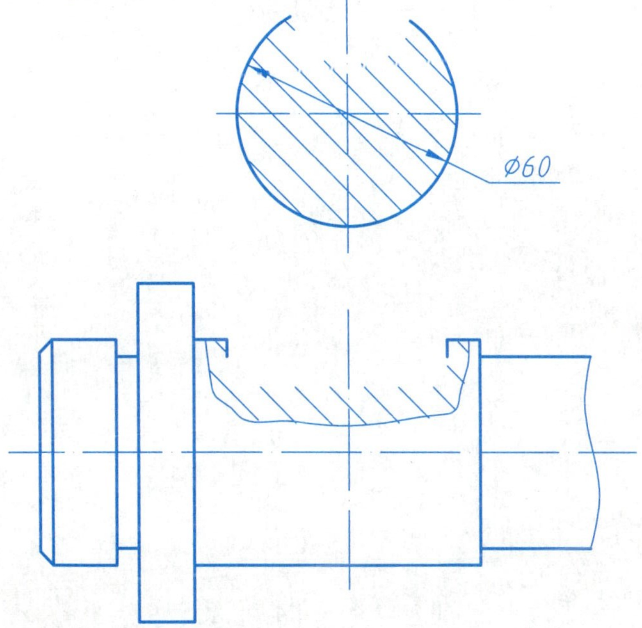

（b）齿轮

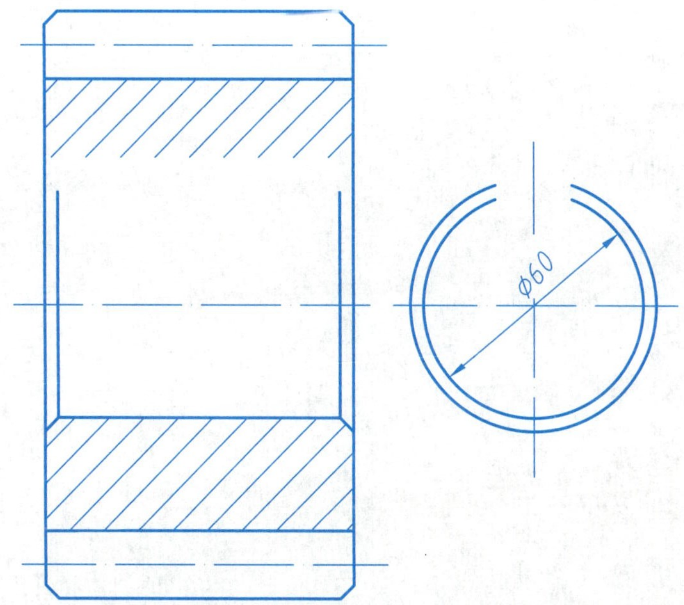

（c）用键连接齿轮和轴

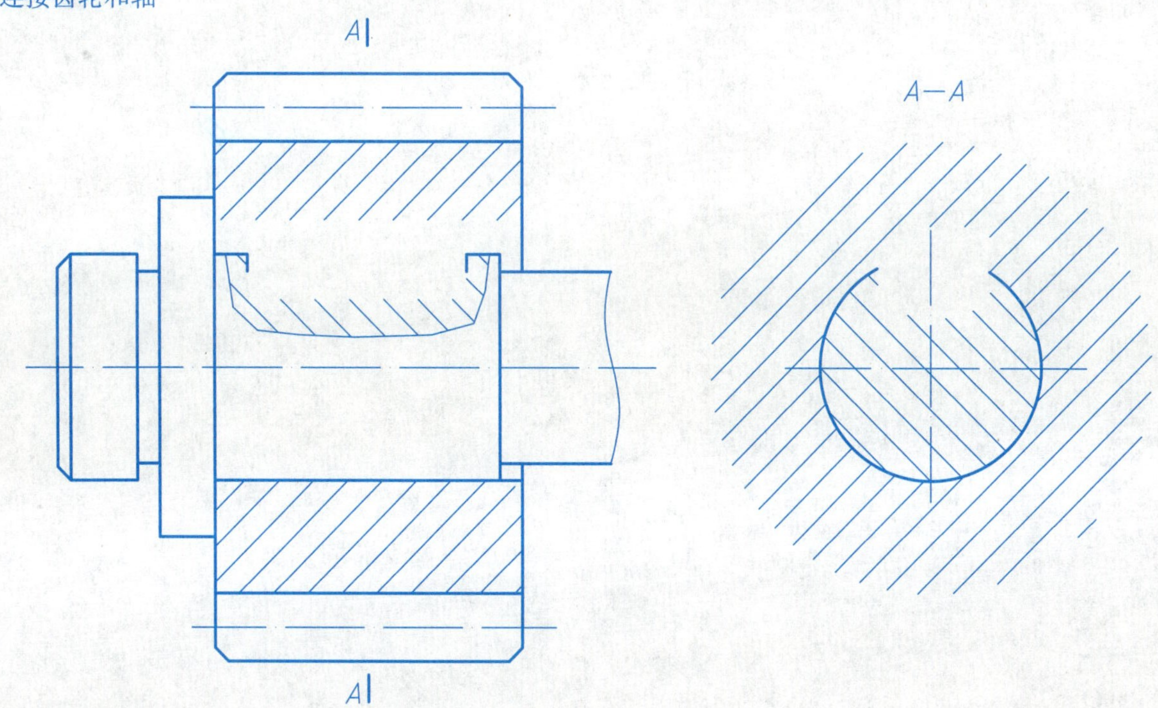

9-3 齿轮、滚动轴承和弹簧

姓名　　　　班级　　　　学号

1. 已知一平板形直齿圆柱齿轮的模数m=2, 齿数z=20, 要求:
（1）列出计算公式，计算d_a、d 及d_f数据；（2）补全齿轮的两视图；（3）标注齿轮及键槽尺寸。

d =

d_a=

d_f=

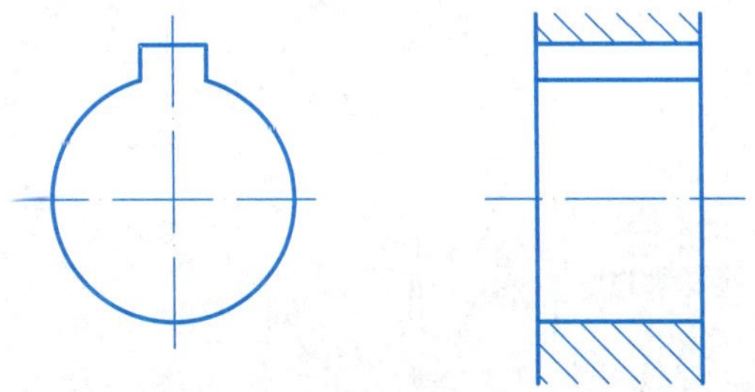

2. 已知齿轮模数m=4，小齿轮齿数z_1=18，大齿轮齿数z_2=36，试分别计算大小两齿轮的分度圆、齿顶圆和齿根圆直径及两齿轮的传动比，并按1:2的比例完成这对齿轮的啮合图。

d_1=

d_2=

d_{a1}=

d_{a2}=

d_{f1}=

d_{f2}=

a=

i=

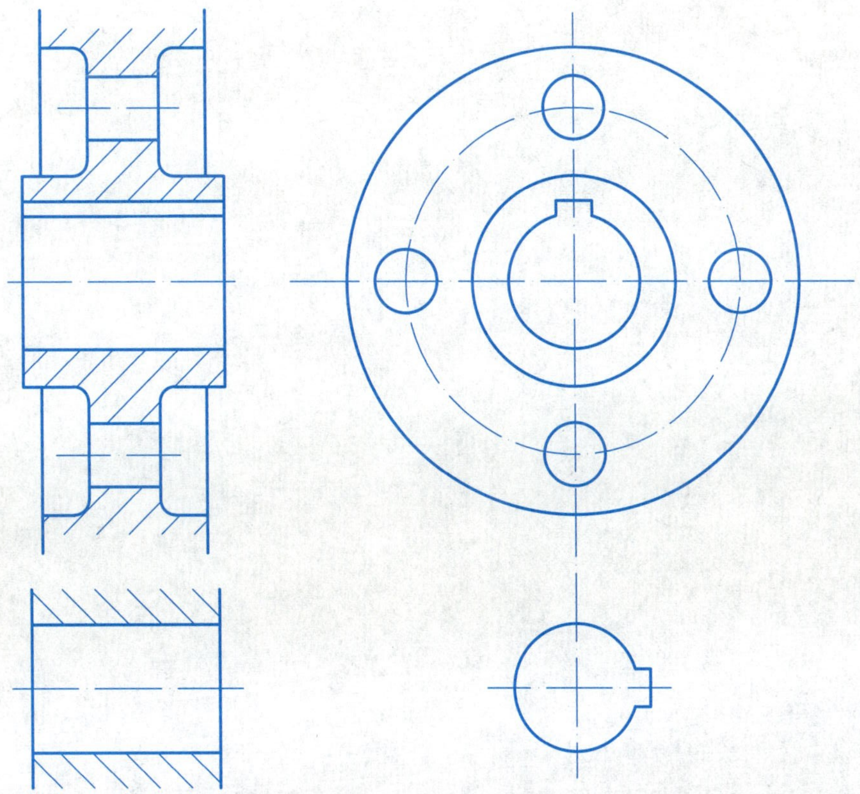

3. 用规定画法，按1:1的比例，在齿轮轴ϕ30m6两轴颈处补画6206深沟球轴承(轴承端面要紧靠轴肩)。

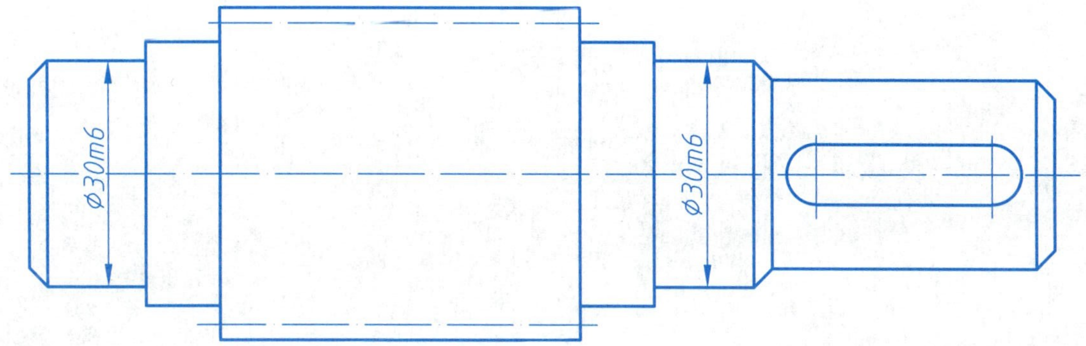

4. 已知圆柱螺旋压缩弹簧的簧丝直径d=5 mm，弹簧外径D_2=55 mm，节距t=10 mm，有效圈数n=7，支承圈数n_2=2.5，右旋。按1:1的比例画出弹簧的全剖视图（轴线水平放置）。

参考千斤顶装配示意图及说明，看懂给出的零件图，画出千斤顶的装配图。

千斤顶装配示意图说明

该千斤顶是一种手动起重、支承装置。扳动绞杠而转动螺杆，则由于螺杆、螺套间的螺纹作用，可使螺杆上升或下降，起到起重、支承的作用。

千斤顶的底座上装有螺套，螺套与底座之间由螺钉固定。螺杆与螺套由方牙螺纹传动，螺杆头部中穿有绞杠，可扳动螺杆传动。

螺杆顶部的球面与顶垫的内球面接触起浮动作用。螺杆与顶垫之间有螺钉限位。

千斤顶装配示意图

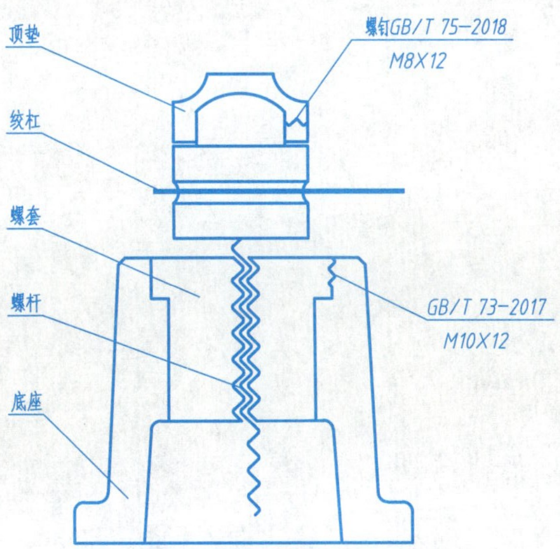

千斤顶	01-00

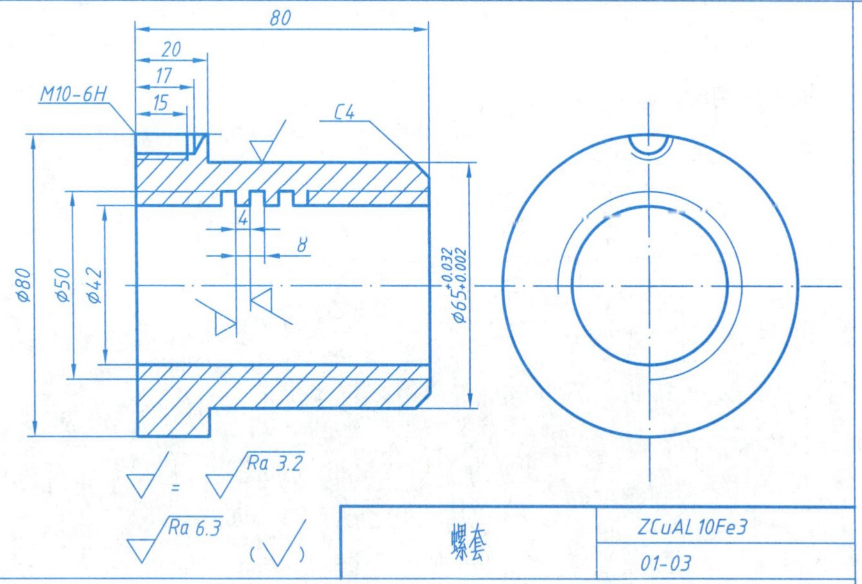

螺套	ZCuAL10Fe3
	01-03

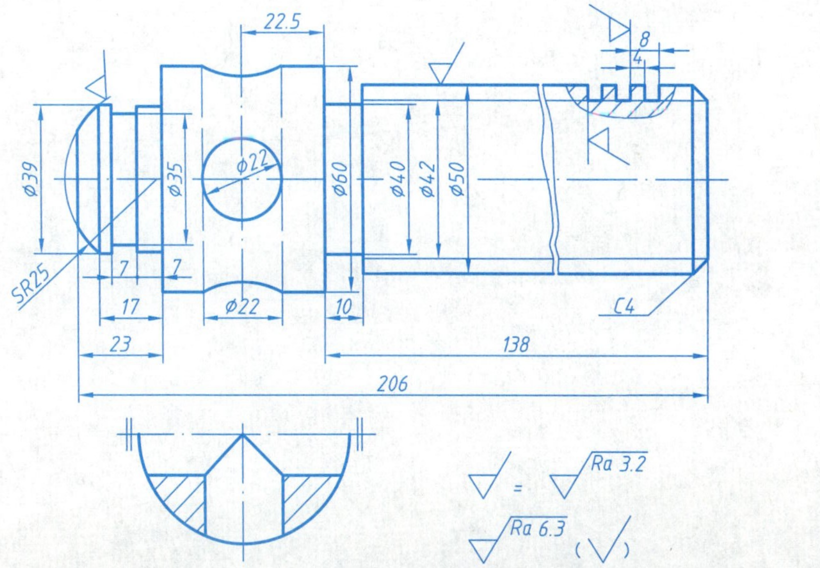

螺杆	45
	01-02

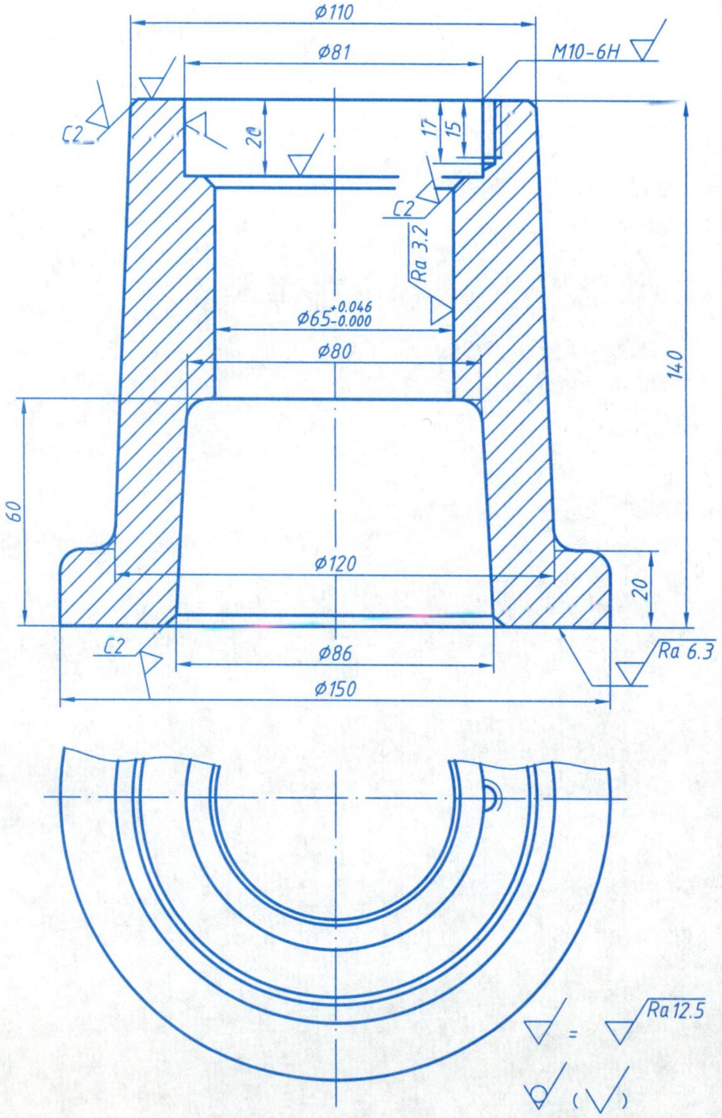

底座	HT200
	01-01

绞杠	35
	01-04

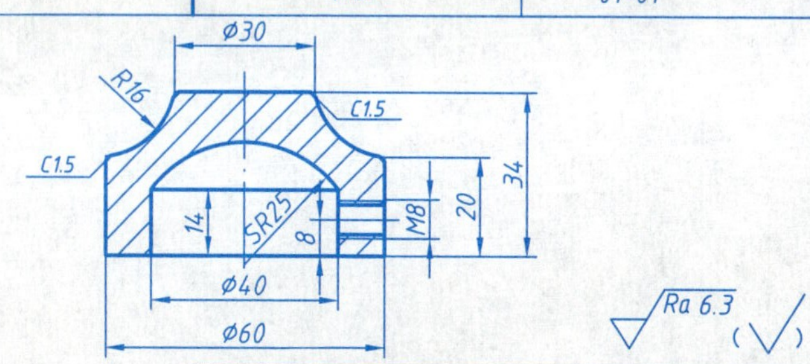

顶垫	HT200
	01-05

10-1 由零件图画装配图（二）　　姓名　　　班级　　　学号

回油阀装配示意图

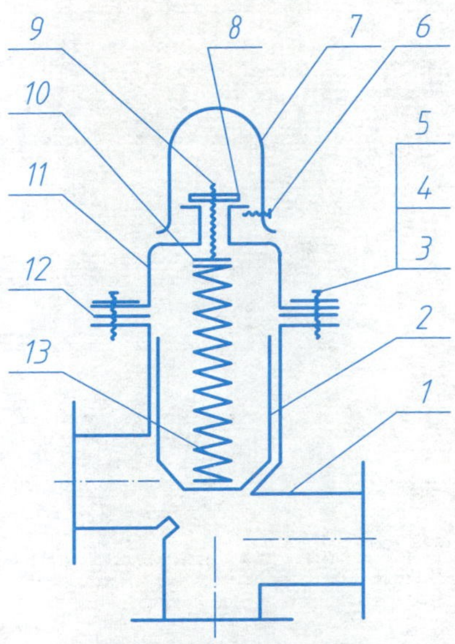

回油阀装配示意图说明

回油阀是供油管路上的装置。在正常工作时，阀门2靠弹簧13的压力处在关闭位置，此时油从阀体右孔流入，经阀体下部的孔进入导管。当导管中油压增高超过弹簧压力时，阀门被顶开，油就顺着阀体左端孔经另一导管流回油箱，以保证管路的安全。弹簧压力的大小靠螺杆9来调节。为防止螺杆松动，在螺杆上部用螺母8并紧。罩子7用来保护螺杆，阀门两侧有小圆孔，其作用是使进入阀门内腔的油流出来，阀门的内腔底部都有螺孔，是供拆卸时用的，阀体1与阀盖11用4个螺柱连接，中间有垫片12以防漏油。

13	弹簧	1	65Mn	
12	垫片	1	纸板	
11	阀盖	1	ZL102	
10	弹簧垫	1	H62	
9	螺杆	1	35	
8	螺母 M16	1	Q235	GB/T 6170—2015
7	罩子	1	ZL102	
6	螺钉 M6X12	1	Q235	GB/T 75—2018
5	垫圈 12	4	Q235	GB/T 97.1—2002
4	螺母 M12	4	Q235	GB/T 6170—2015
3	螺柱 M12X35	4	Q235	GB/T 899—1988
2	阀门	1	H62	
1	阀体	1	ZL102	
序号	名　称	数量	材　料	备　注

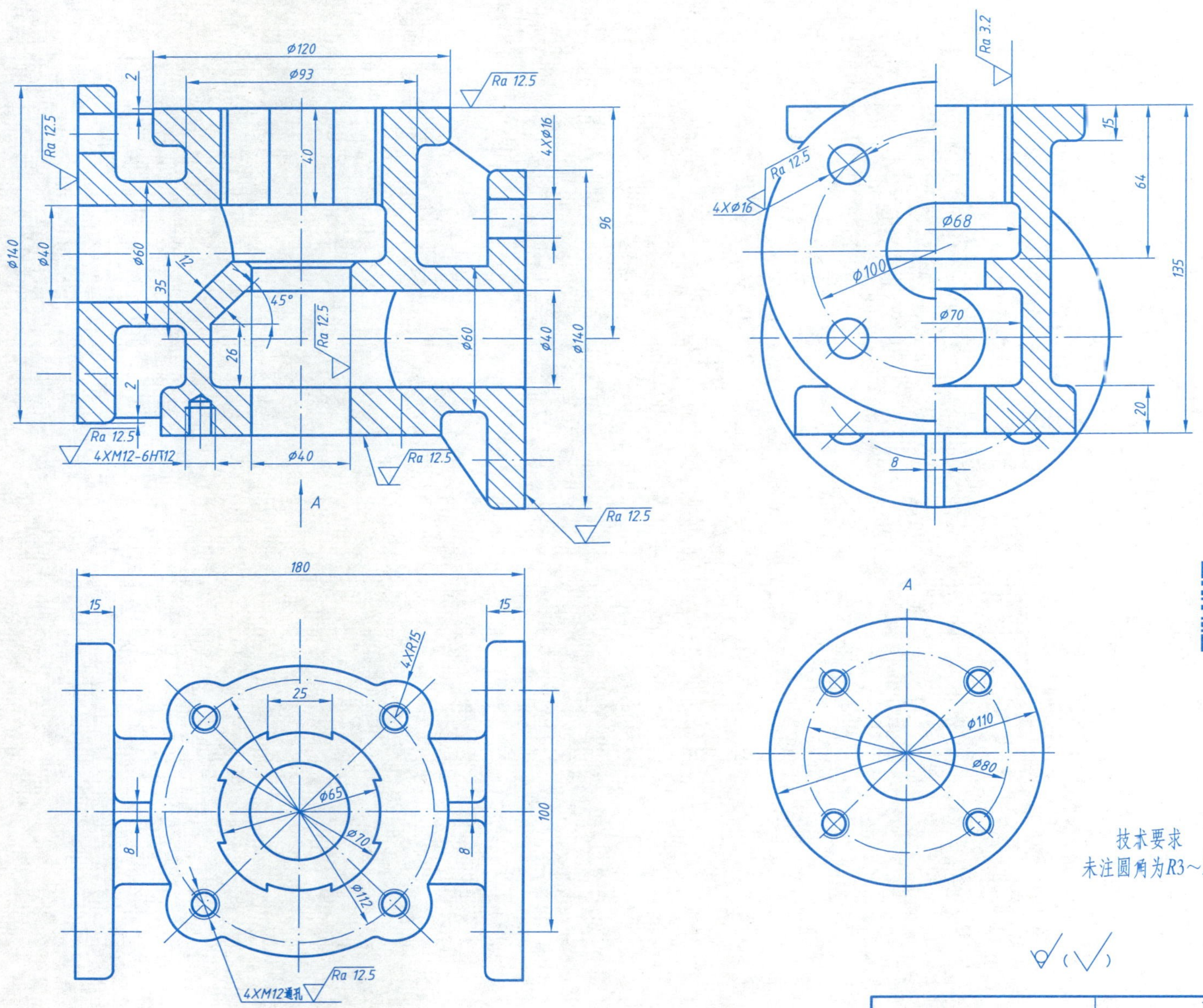

技术要求

未注圆角为R3～R4。

$\sqrt{}$ ($\sqrt{}$)

阀体	ZL102
	01-01

10-1 由零件图画装配图（二）（续）

姓名　　　　班级　　　　学号

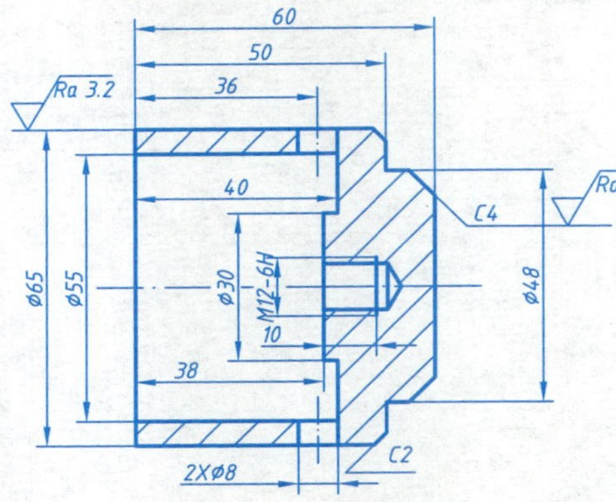

阀门	H62
	01-02

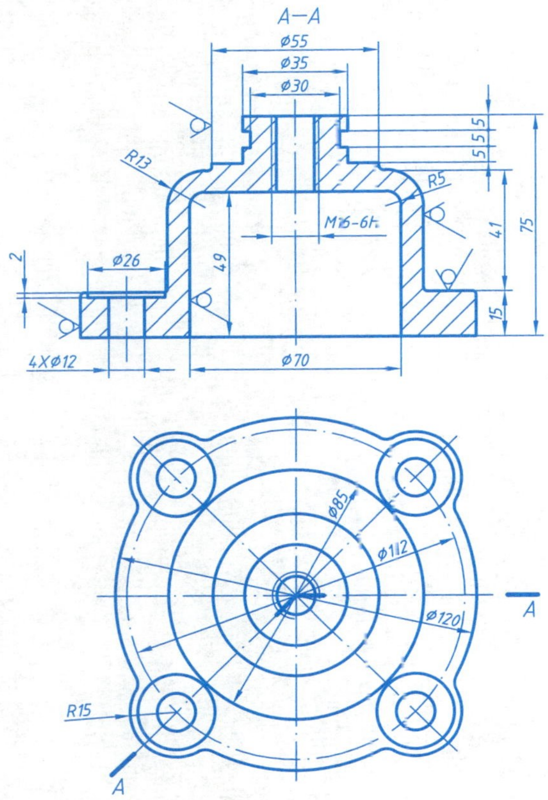

技术要求
未注圆角为R2～R4。

阀盖	45
	01-11

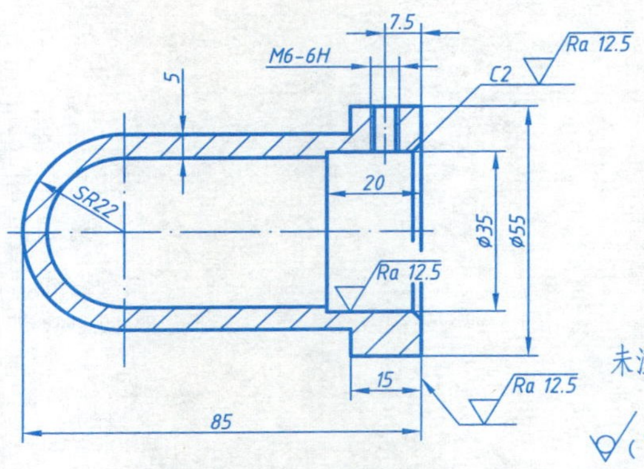

技术要求
未注铸造圆角为R2。

罩子	ZL102
	01-07

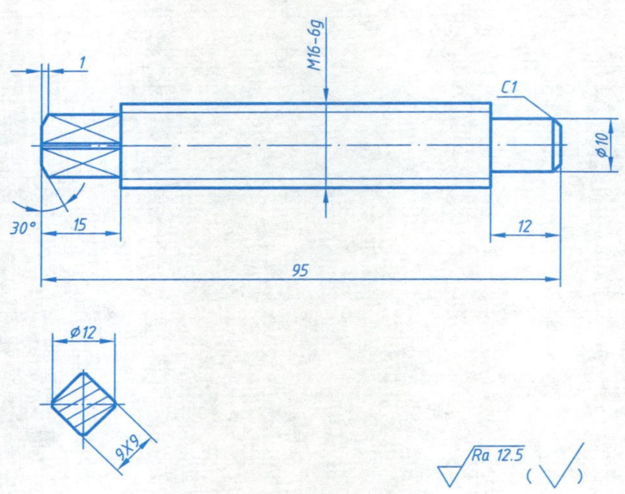

螺杆	35
	01-09

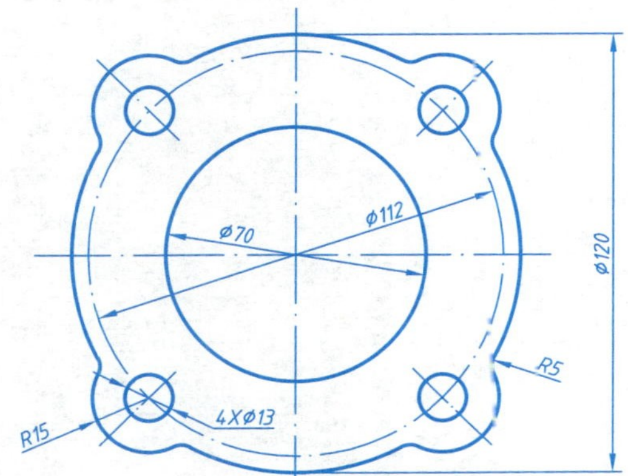

垫片	纸板
	01-12

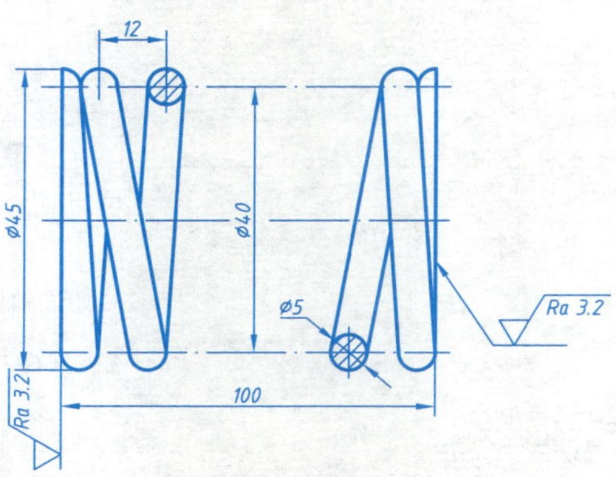

技术要求
1.有效圈数n=7.5。
2.总圈数n_1=10。
3.旋向：右。
4.展开长度：L=1 256。

弹簧	65Mn
	01-13

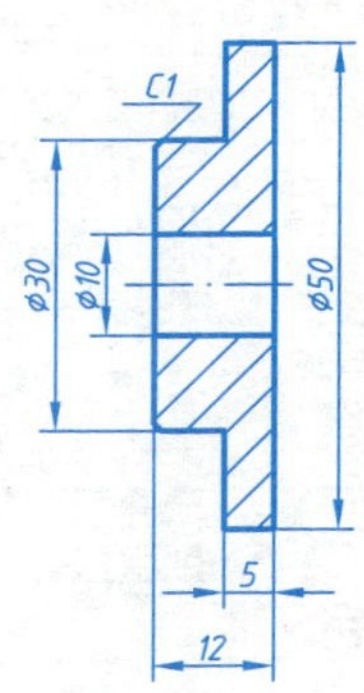

弹簧垫	H62
	01-10

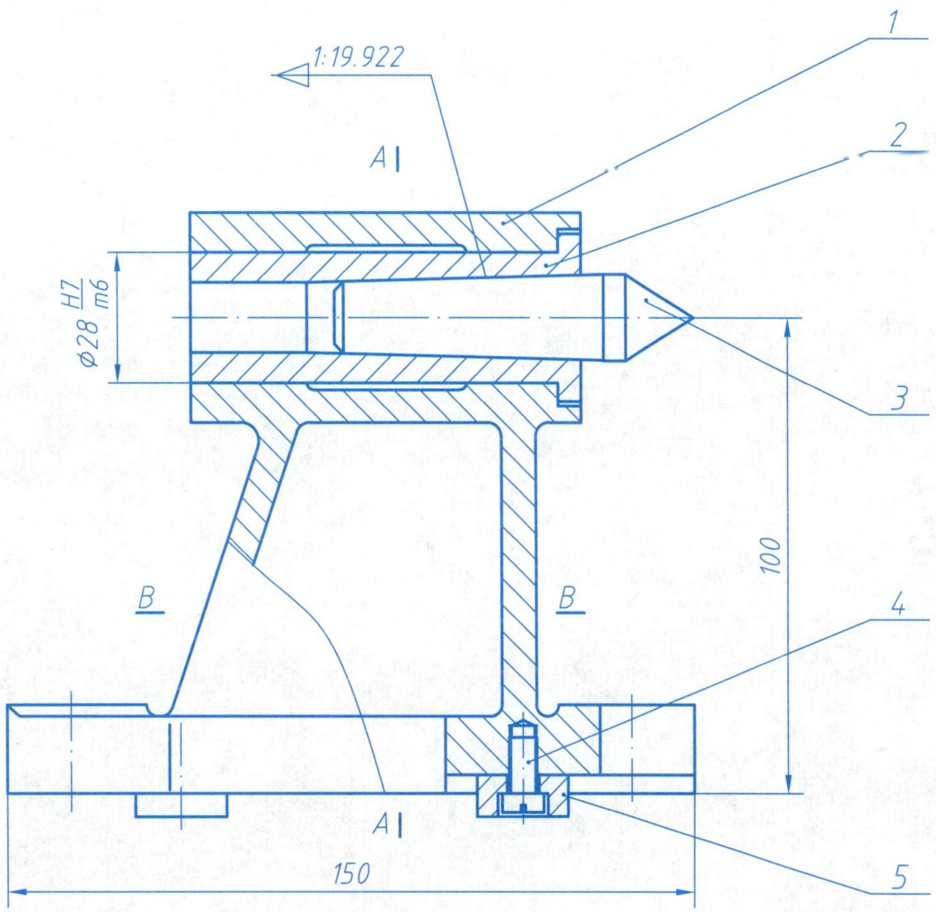

A–A

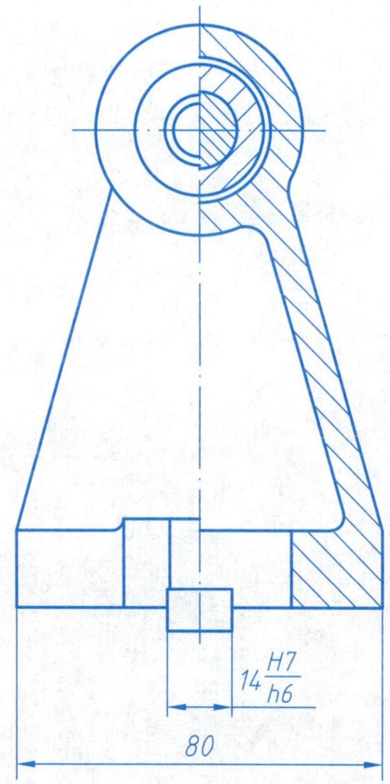

一、工作原理

固定顶尖座是检验夹具中的一个通用部件，它与活动顶尖座共同支承被检验工件。

整个部件由定位键5与检验工作台定位，靠工作台上的T形槽与螺钉（图中未画出）将顶尖座固定。

二、思考和作图

1.固定顶尖座的装配尺寸是哪些?

2.看懂固定顶尖座装配图，拆画本体1的零件图，要求选用合适的表达方法表示形体，标注有公差带代号的尺寸与螺纹代号，其余尺寸与表面粗糙度代号等省略。

B–B

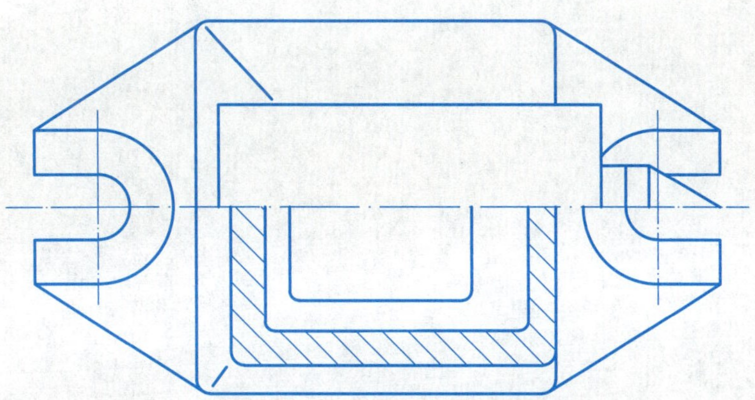

序号	名　称	数量	材料	备注
5	定位键 A14h6	2	45	GB/T 2206—1991
4	螺钉 M5X12	2	35	GB/T 75—2018
3	顶尖	1	T10A	
2	顶尖套	1	T10A	
1	本体	1	HT200	

固定顶尖座		比例	1:1	
		数量		
制图		重量		共 张 第 张
描图				
审核				

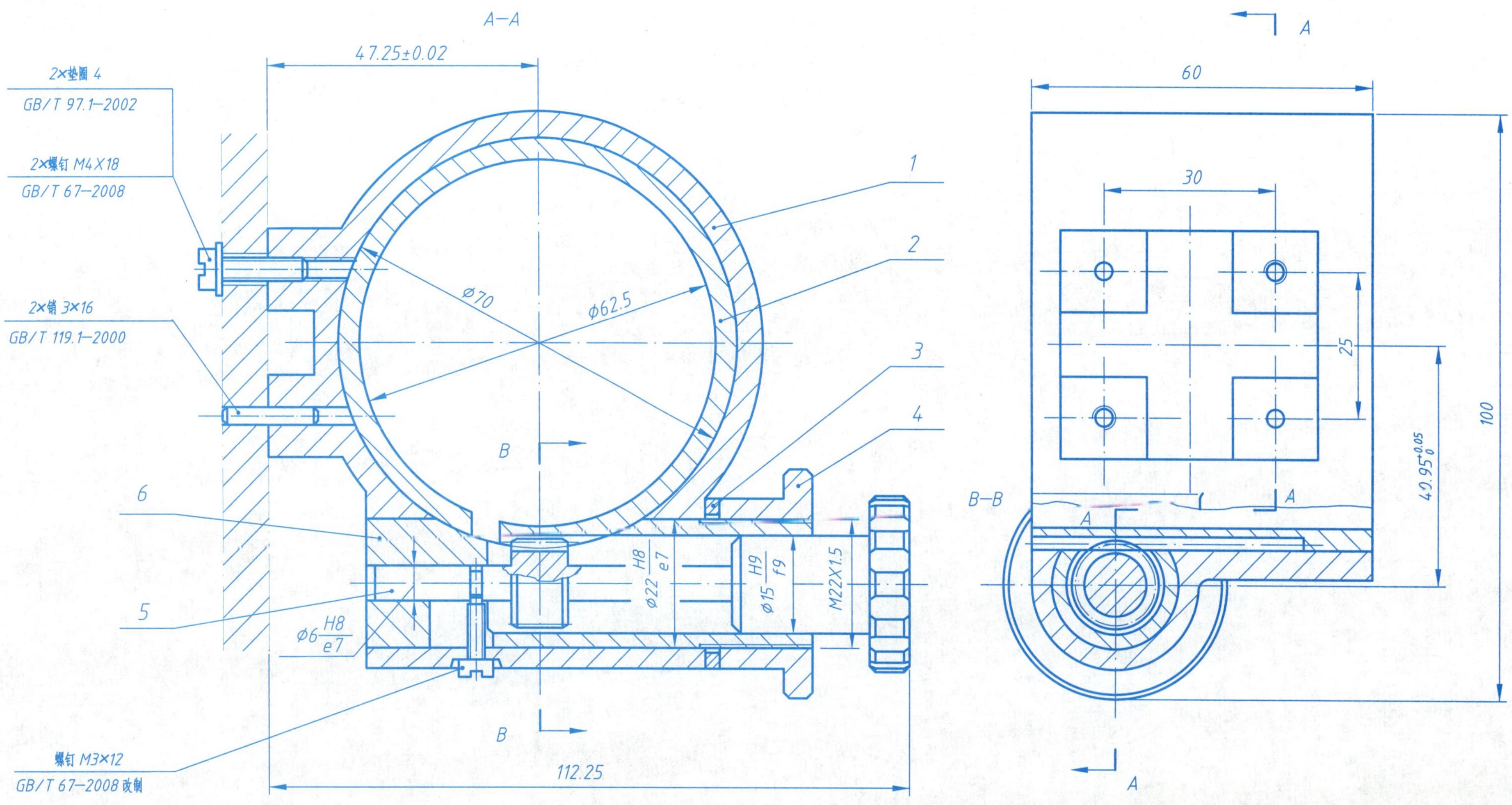

6	锁紧套	1	LY12	
5	调节齿轮轴	1	45	
4	锁紧螺母	1	LY12	
3	垫圈	1	A3	
2	内衬圈	1	ZL3	
1	架体	1	ZL3	
序号	名 称	件数	材 料	备 注

镜头架	比例	1:1	
	数量		
制图	重量		共 张第 张
描图			
审核			

一、工作原理

镜头架为调整镜头焦距的部件，是齿轮、齿条传动机构。

架体1上的大孔ø70内装有内衬圈2，下部的小孔ø22内装有锁紧套6和调节齿轮轴5，调节齿轮轴5支承在锁紧套上，并靠螺钉M3×12轴向定位。为了防止装在内衬圈2内的镜头在放映过程中发生位移，可旋紧锁紧螺母4将镜头锁住。

当旋转调节齿轮轴5时，通过与内衬圈2上的齿条啮合传动，就能带动内衬圈作前后移动，从而达到调整镜头焦距的目的。

二、思考和作图

1.镜头架部件的作用是什么?镜头是如何固定的?又是如何调整焦距使屏幕图像清晰的?

2.镜头架的性能规格尺寸是哪个?

3.指出图中配合尺寸符号的含义。

4.画出锁紧套6和架体1的零件工作图。

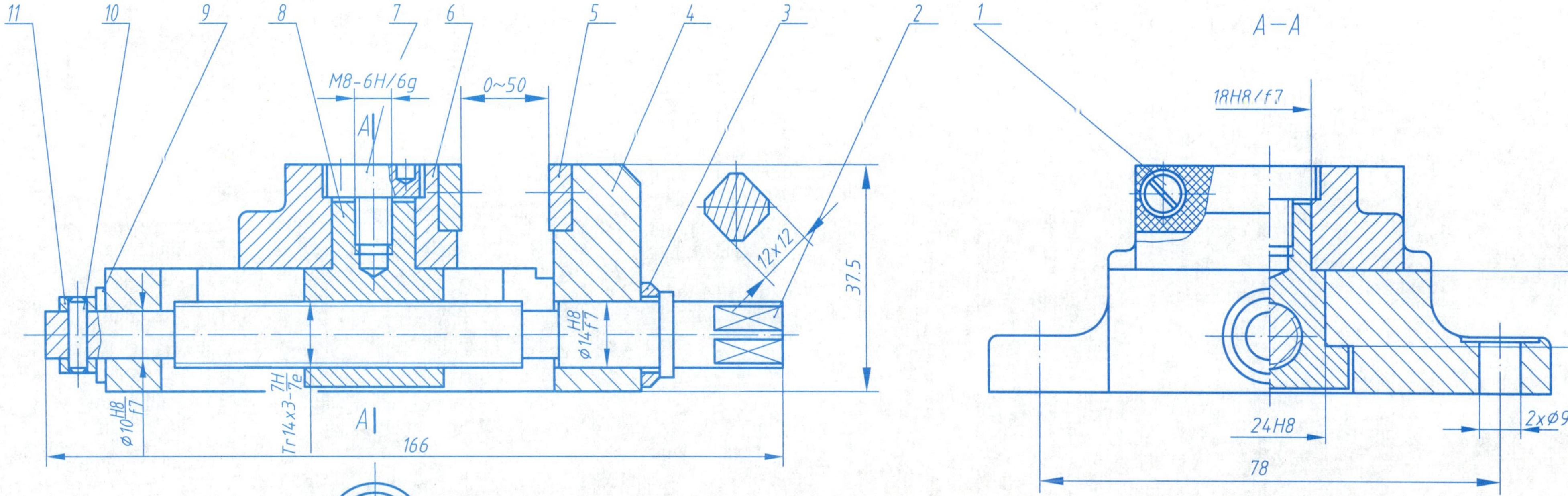

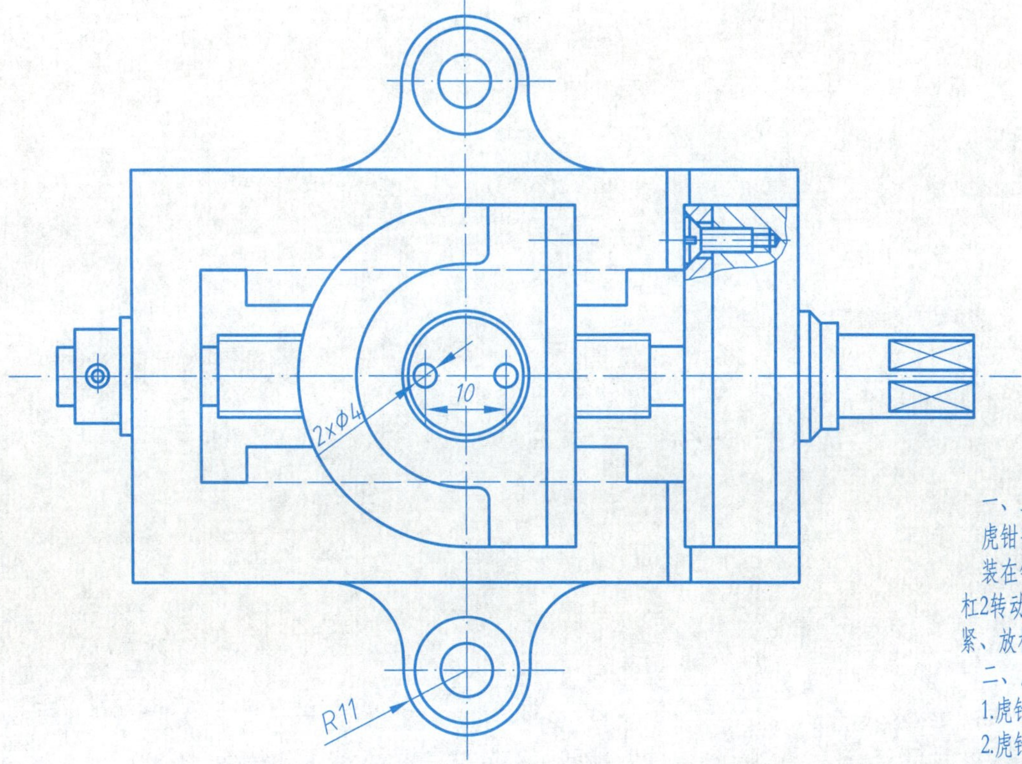

一、工作原理

虎钳安装在工作台上，用来夹紧被加工的零件。

装在钳座4内的丝杠2只能绕轴线转动，不能作轴向移动。当丝杠2转动时，通过Tr14×3梯形螺纹传动，使动掌6移动，将零件夹紧、放松。

二、思考和作图

1.虎钳上哪些表面有配合要求？各属于哪类配合？

2.虎钳的总体尺寸是哪些？

3.拆画钳座4的零件图，要求选用合适的表达方法表示形体，标注有公差带代号的尺寸和螺纹代号，其余尺寸与表面粗糙度代号可省略。

序号	名称	件数	材料	备注
11	套筒	1	Q235-A	
10	销 4 m6x16	1	Q235-A	GB/T 119.1—2000
9	垫圈 10	1	Q235-A	GB/T 97.1—2002
8	丝杠螺母	1	HT200	
7	压紧螺钉	1	Q235-A	
6	动掌	1	HT200	
5	钳口	2	45	
4	钳座	1	HT200	
3	垫圈	1	Q235-A	
2	丝杠	1	35	
1	螺钉 M4x12	4	Q235-A	GB/T 68—2016

虎钳		比例	1:1	
		数量		
制图		重量		共 张第 张
描图				
审核				

一、工作原理

手压阀是手动控制管道开、闭的装置。按下压杆3，使阀杆5下移，打开阀门。放开压杆3，阀杆5在弹簧9的作用下，将阀门关闭。

二、思考和作图

1.手压阀的安装尺寸是哪些？

2.左视图的局部剖，主要反映哪些零件的装配、连接关系？

3.拆画阀体8的零件图，要求选用合适的表达方法表示形体，尺寸、表面粗糙度等省略。

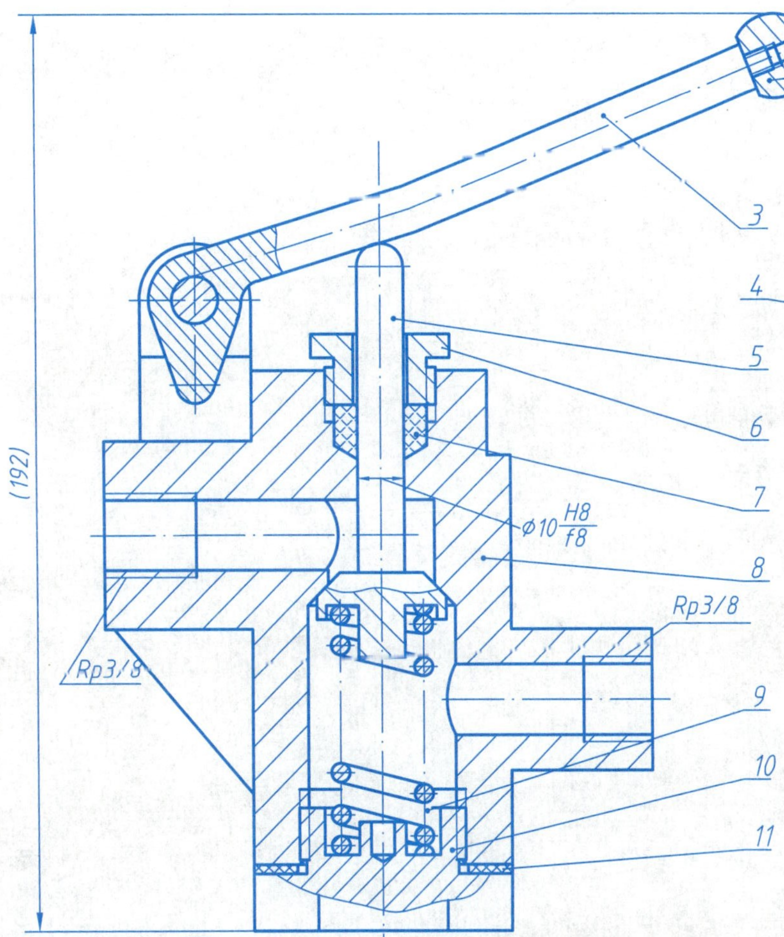

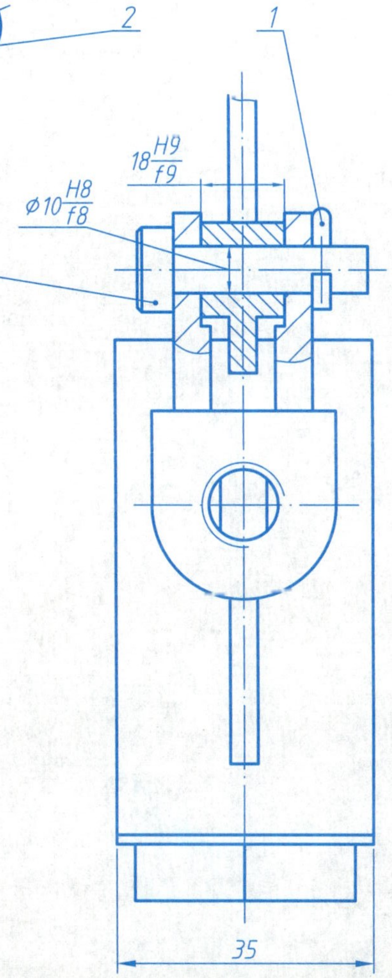

拆去零件2、3

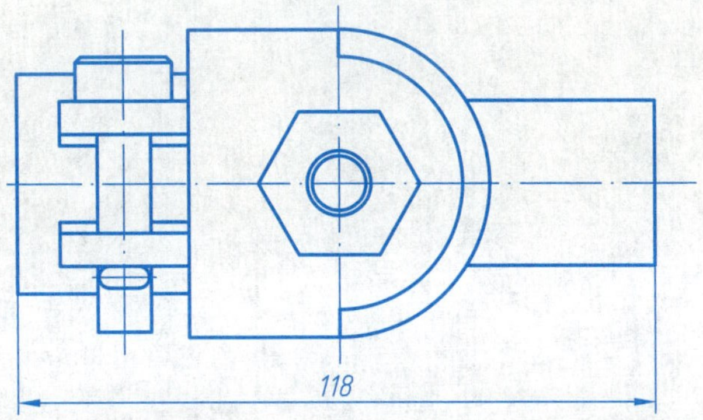

序号	名称	件数	材料	备注
11	垫片	1	纸	
10	阀盖	1	Q235	
9	弹簧	1	碳素弹簧钢丝Ⅱ组	
8	阀体	1	HT200	
7	填料	1	石棉绳	
6	压盖	1	Q235	
5	阀杆	1	Q235	
4	轴	1	Q235	
3	压杆	1	Q235	
2	手把	1	塑料	
1	销 2.5x16	1	Q235	GB/T 91—2000

手压阀		比例	1:1	
		数量		
制图		重量		共 张第 张
描图				
审核				

1. 画出漏斗的展开图。

2. 画出等径直角三通管（水平管省略了下半部分）表面的展开图。

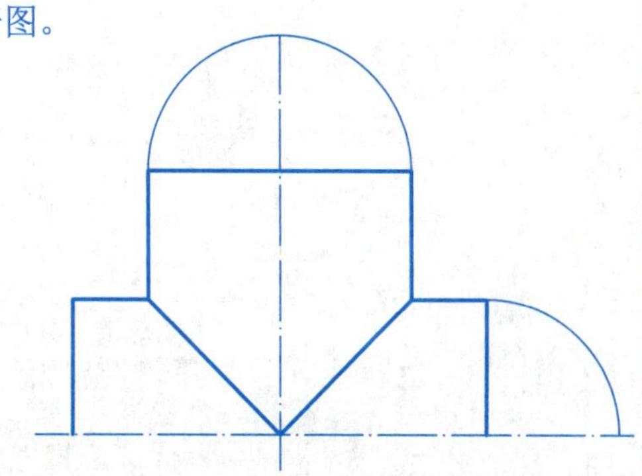

3. 画出截口圆柱管表面的展开图。

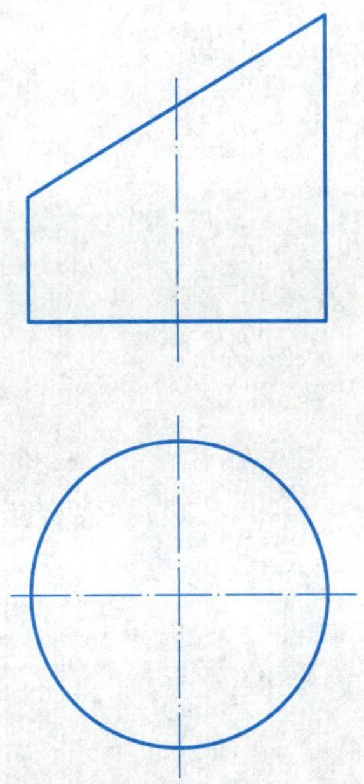

4. 画出方圆接头表面的展开图。

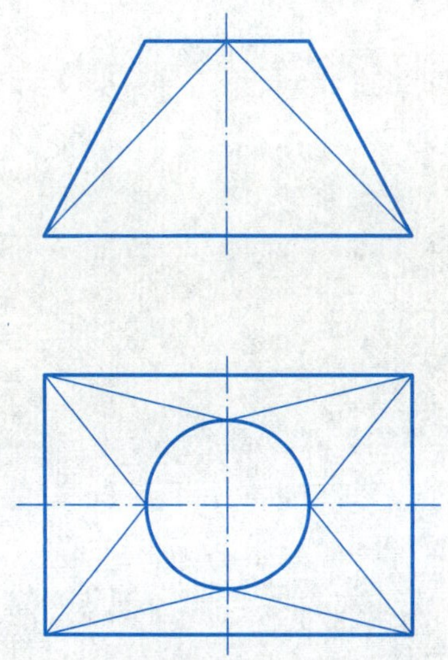

1. 已知空间点A距H投影面25 mm，距V面20 mm，距W面30 mm。求作点A的投影图。

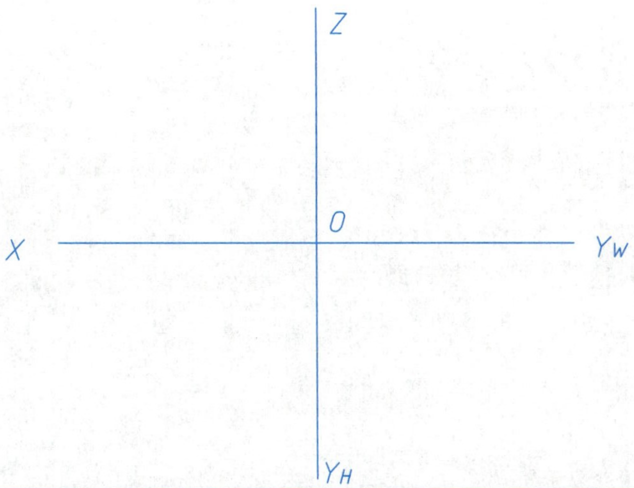

3. 判断点K是否是平面$ABCD$内的点。（用作图方法判别）

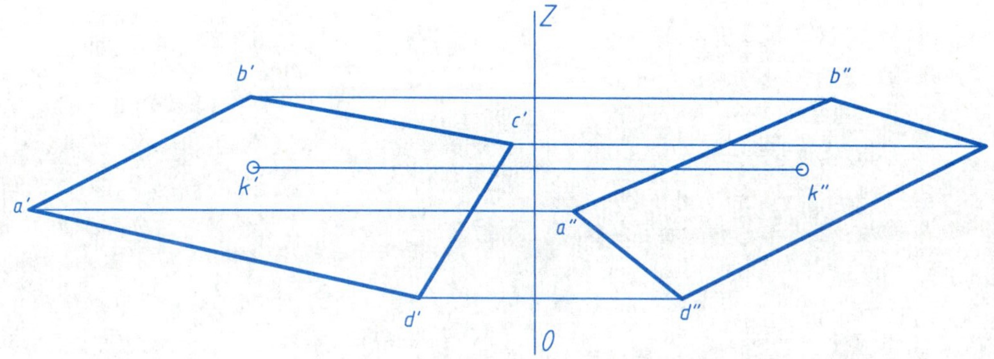

2. 已知直线AB为水平线，实长为35 mm，且直线与V面之间的倾角为30°。求直线AB的H面、V面投影。

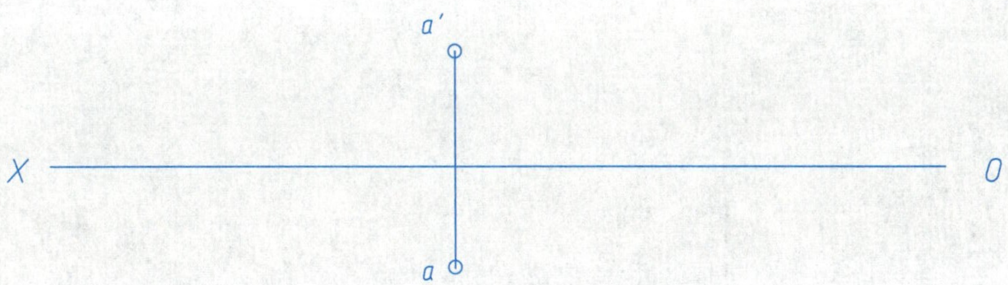

4. 作出被两水平面截切后截交线的水平投影。

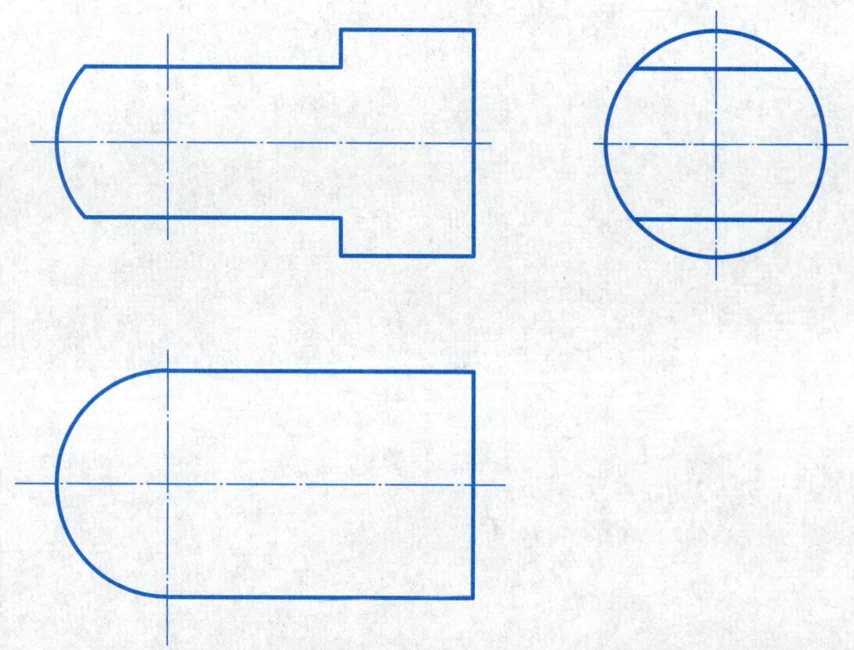

5.作出半球被截切后的H面和W面投影。

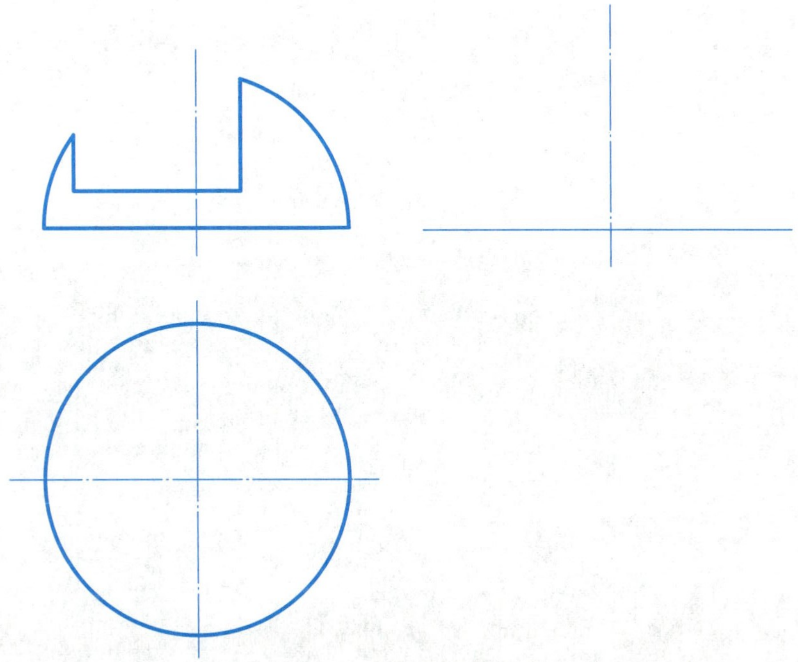

6. 补画左视图。

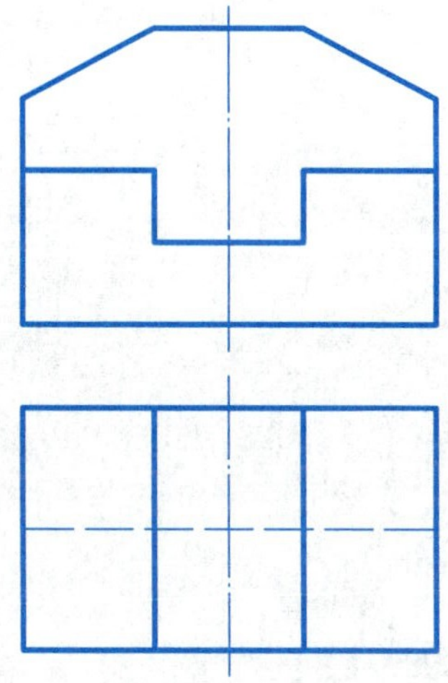

7. 求作两轴线垂直相交的圆筒的相贯线。

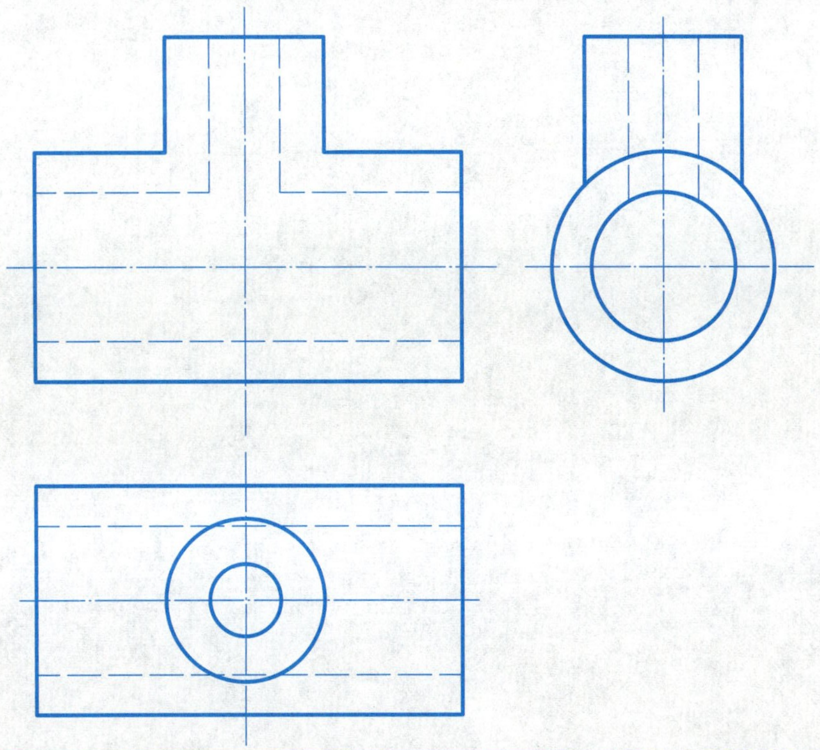

8. 补画左视图。

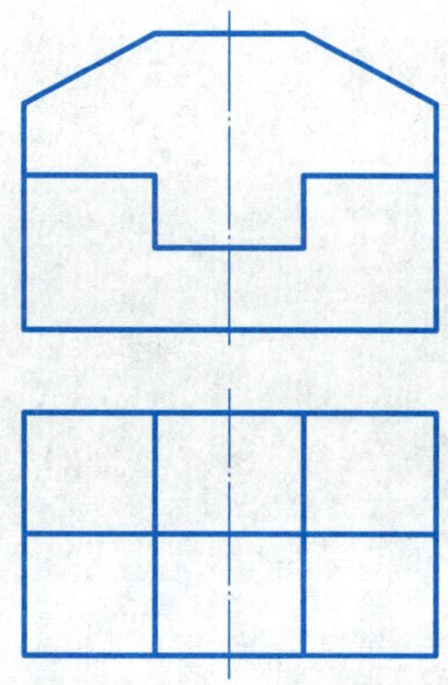

自测题一（续2）

姓名　　　　班级　　　　学号

9. 标注下列立体的尺寸，尺寸数值直接从图中量取，取整数。

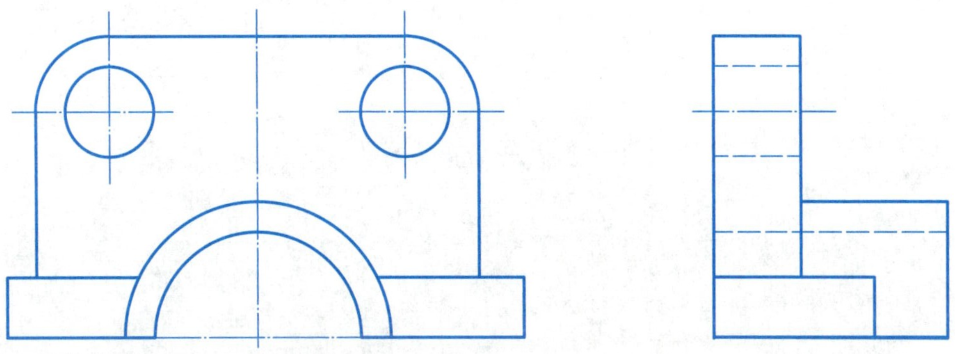

10. 读懂两视图后，补画第三视图。

11. 将主视图画成半剖视图，并补画出全剖左视图。

12. 简述零件图和装配图在视图表达中有什么异同。

13. 简答题：

（1）什么叫形体分析法？

（2）一张完整的零件图包含哪些内容？

14. 某仪器中，轴与孔的配合尺寸为 ø30P8/h7。

试问：(1)此配合是______制______配合。

(2)查表，写出孔和轴的上、下偏差值，并标注在下列孔和轴的零件图中。

公称尺寸/mm	P（ES）	IT7	IT8
＞18～30	-22 μm	21 μm	33 μm

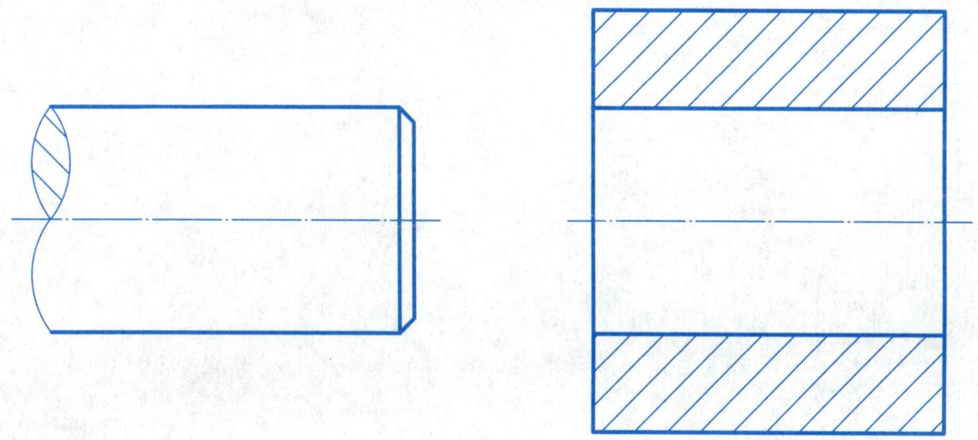

(3)画出孔与轴配合的装配图，并标注配合尺寸。

1. 写出下列直线或平面的名称。

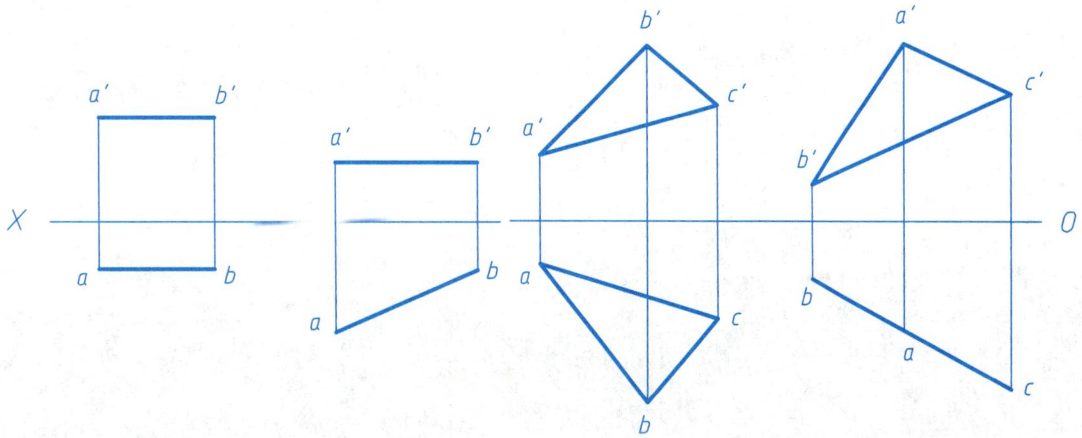

________线　　________线　　________平面　　________平面

2. 填空。

（1）三投影体系中，三投影面分别称为________、________、________；

（2）投影面平行线有：________________________。

（3）投影面垂直面有：________________________；

（4）三视图的投影规律是：主视图、俯视图________，主视图、左视图________，俯视图、左视图________。

3. 判别两直线的相对位置(平行、相交、交叉）。

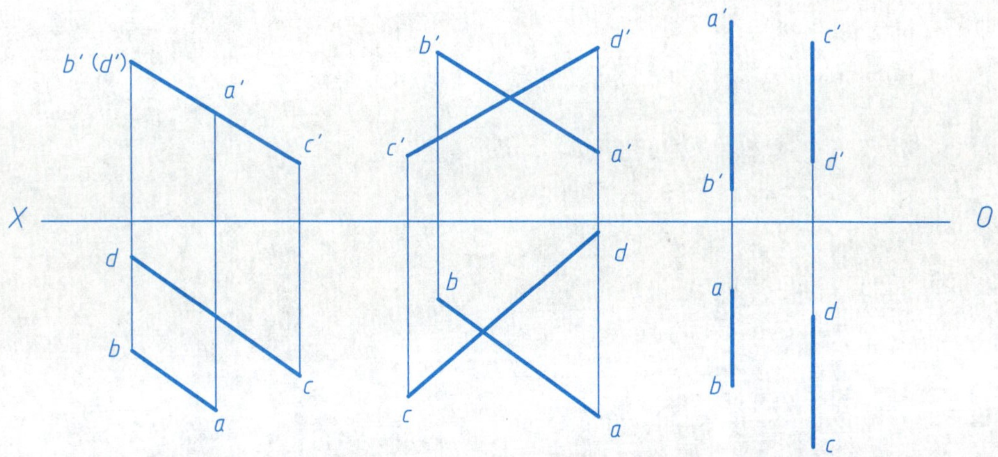

________　　________　　________

4. 过点M作一长度为20 mm的水平线MN，并使其与直线AB相交。

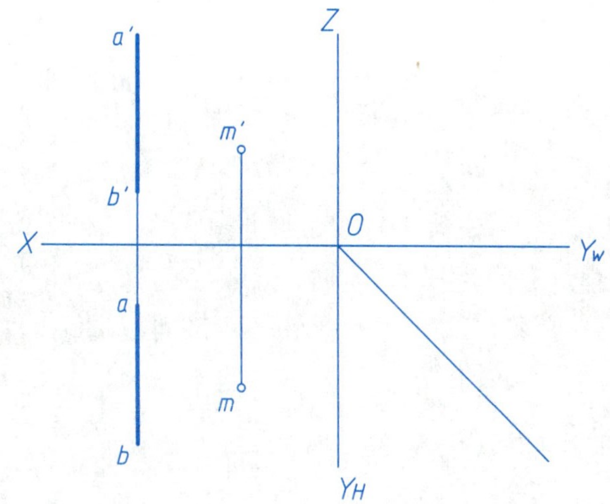

5. 分析截交线的形状，补全其水平投影，并画出侧面投影。

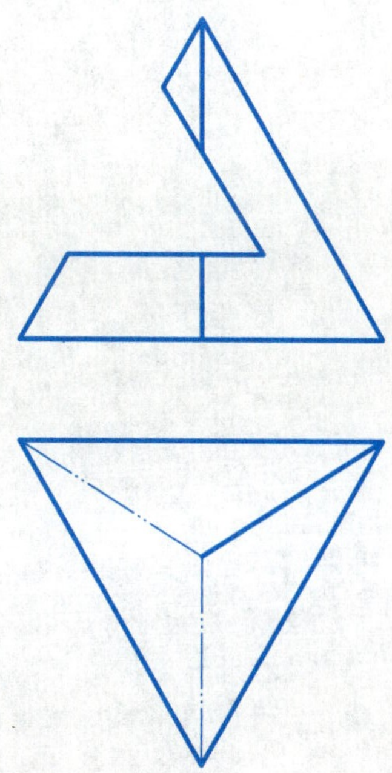

自测题二（续1）

姓名　　　　班级　　　　学号

6. 已知两视图，求作第三视图。

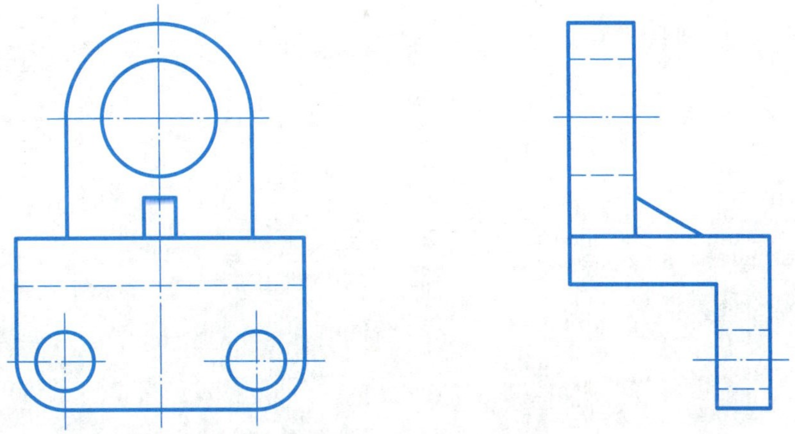

7. 标注组合体的尺寸（尺寸数值在图中直接量取，按1:1的比例标注，取整数）。

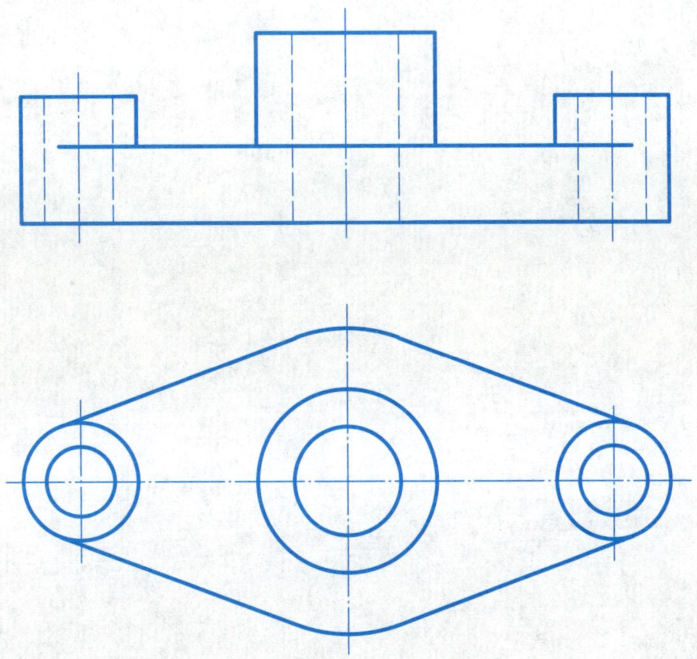

8. 求作圆柱与圆锥相交的相贯线。

9. 在主视图和俯视图的中间画出全剖主视图，并作出左视图。

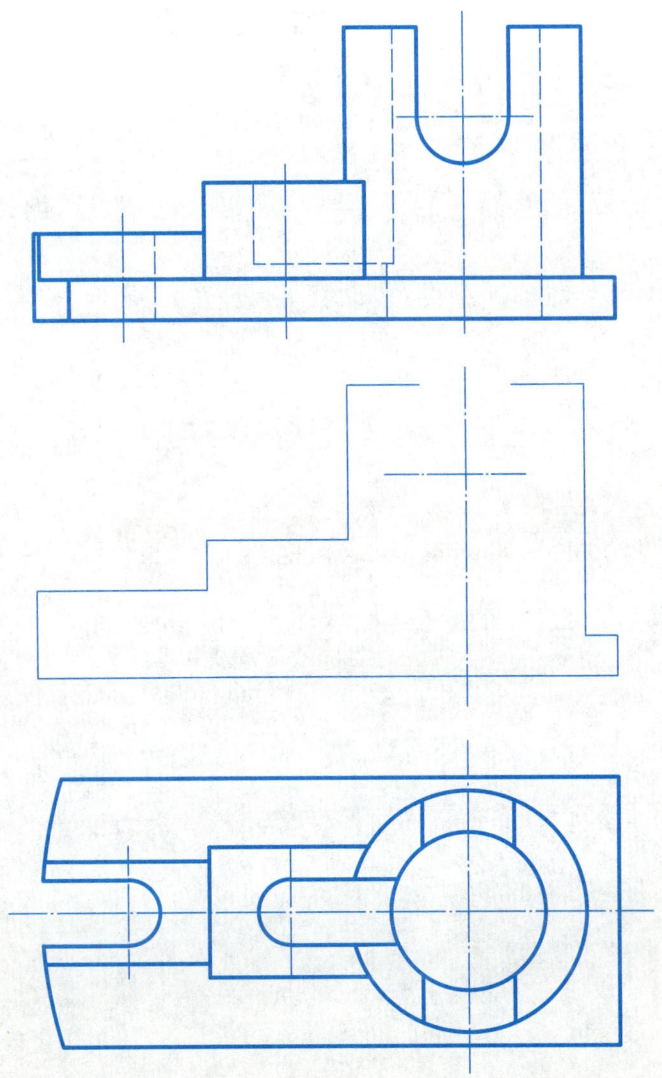

10. 根据表中所给的表面粗糙度，在下列图中标注出表面粗糙度。

表　面	左端面	内孔ø25表面	右端面	其余
表面粗糙度*Ra*	3.2	1.6	6.3	12.5

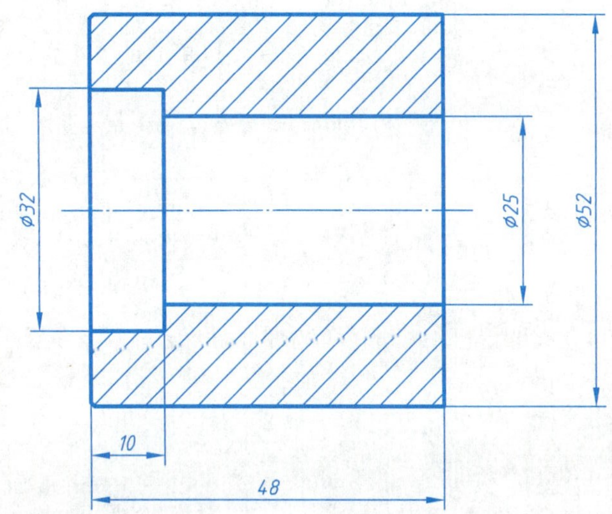

11. 在直径为40 mm的轴的外表面上加工出一段长为25 mm的梯形螺纹，导程为14 mm，螺距为7 mm，线数为2，左旋，中径公差带代号为7e，中等旋合长度。在轴上画出螺纹，并进行标注。

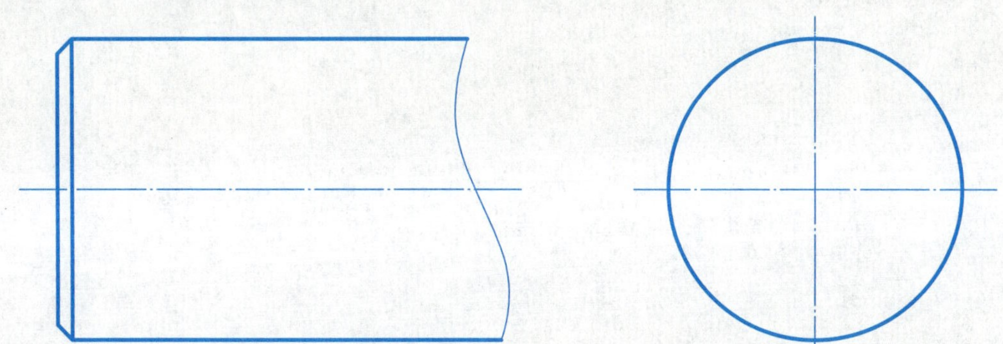

1. 判别直线*AB*和*CD*的相对位置及平面*ABC*的位置。

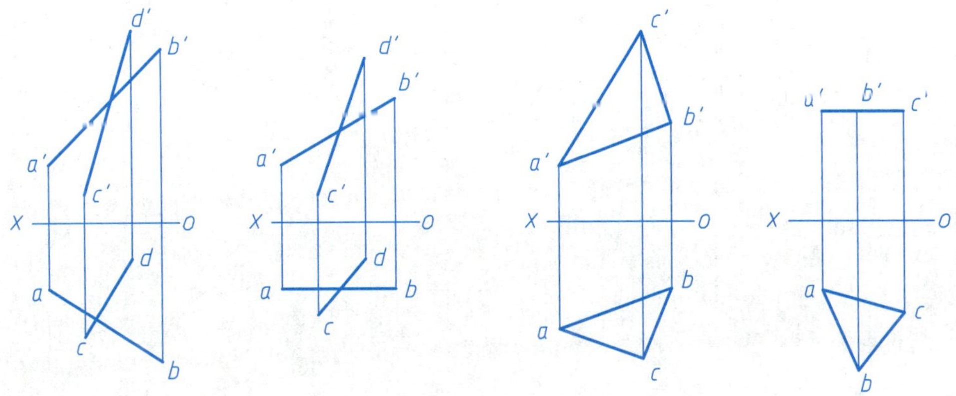

________　________　________　________

2. 补画视图中所缺图线。

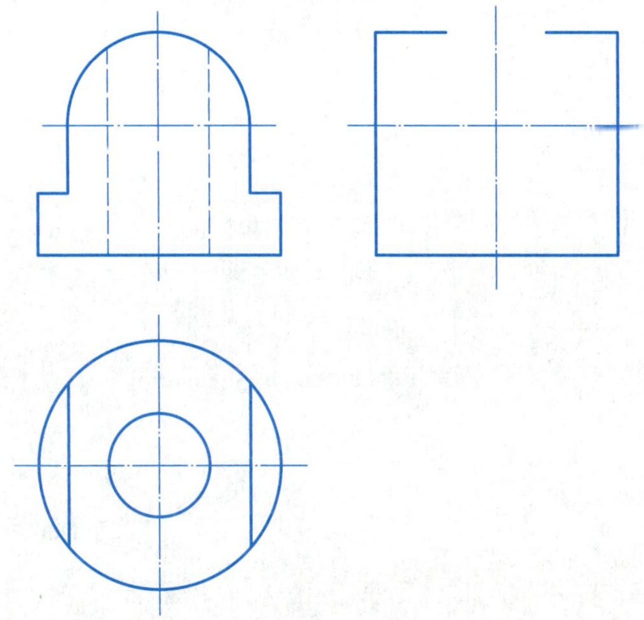

3. 画全水平投影图，并求作出侧面投影图。

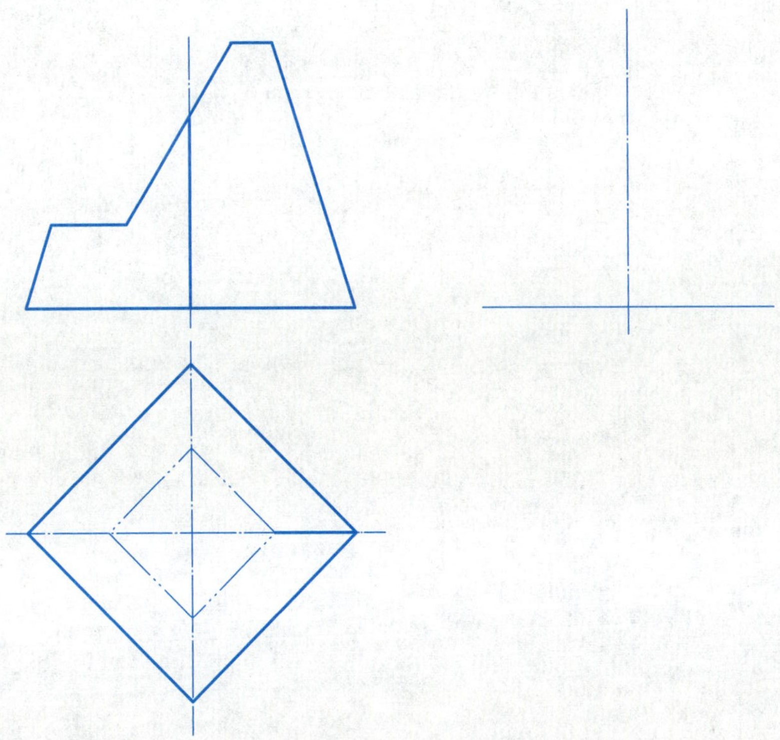

4. 标出指定的图线和线框在其他视图上的投影，并填空。

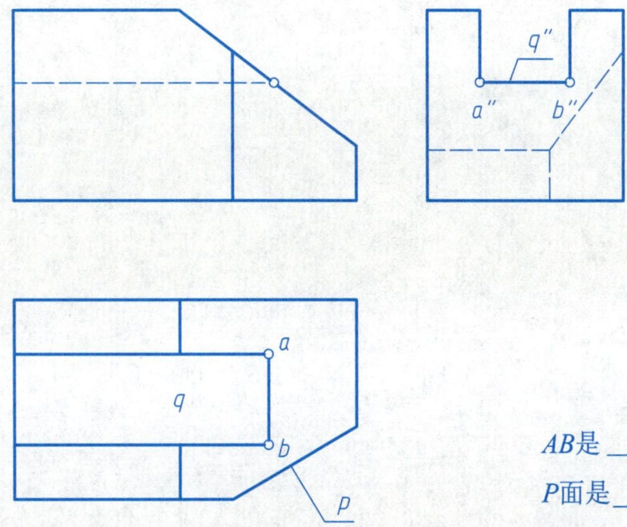

*AB*是________线

*P*面是________平面

*Q*面是________平面

5. 已知两视图，求作第三视图。

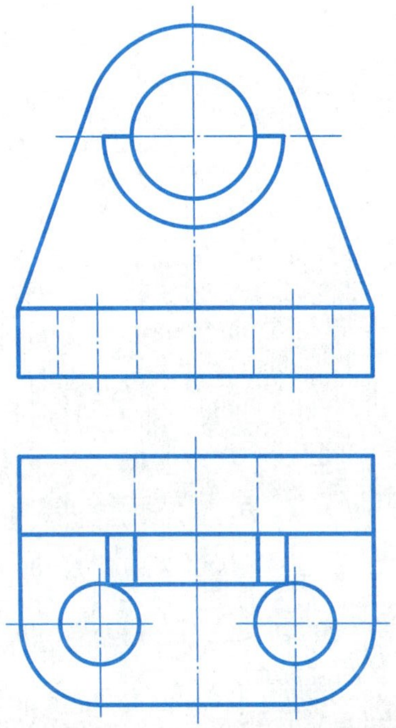

6. 标注组合体的尺寸（尺寸数值在图中直接量取，按1:1的比例标注，取整数）。

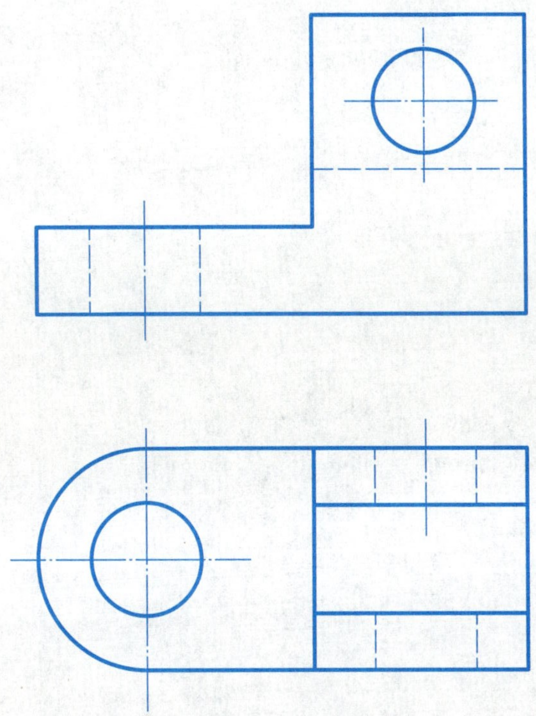

7. 在主视图和俯视图的中间画出半剖主视图，并作出左视图。

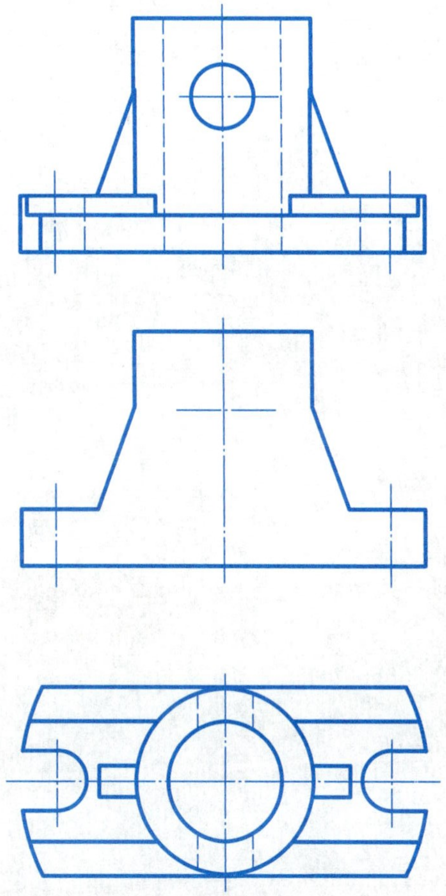

8. 在直径为28 mm的轴的外表面上加工出一段长为30 mm的右旋细牙普通螺纹，螺距为1.5 mm，右旋。在轴上画出螺纹，并进行标注。

9. 读零件图，想象出形状，要求：(1) 在指定位置画出断面图$C—C$；(2) 填写答案。

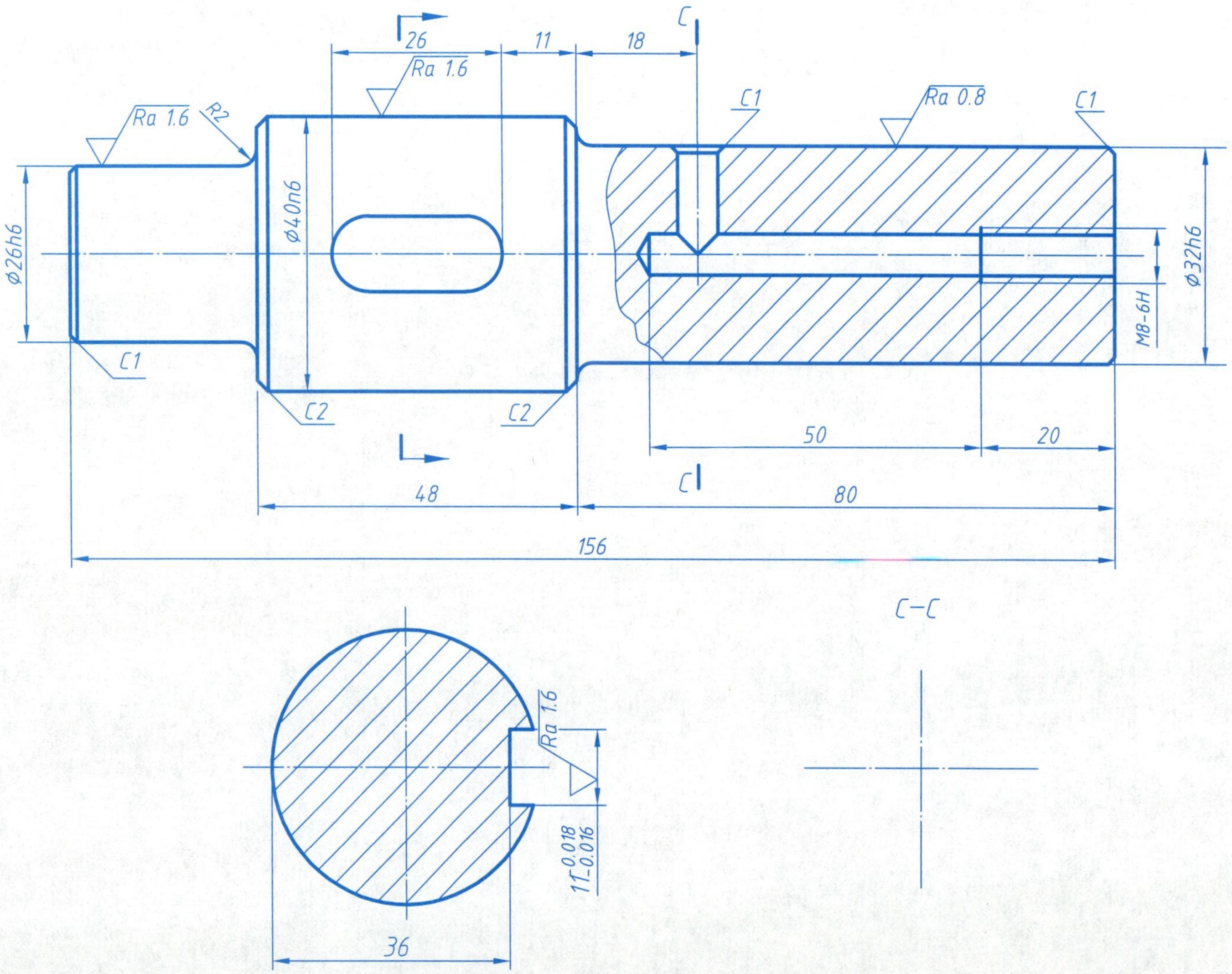

技术要求
1. 调质处理241～269 HBW。
2. 未注圆角为R1.5。

1. 该零件采用了哪些表达方法？主视图采用了__________，还有________。
2. ϕ32h6圆柱的长度为______mm。
3. 该零件有___处螺纹，标记是________。
4. 该零件上的键槽深度是______mm。
5. 该零件哪个表面的表面粗糙度要求最高？
6. ϕ32h6的上极限偏差为___，下极限偏差为___，上极限尺寸为___，下极限尺寸为___，公差为___。

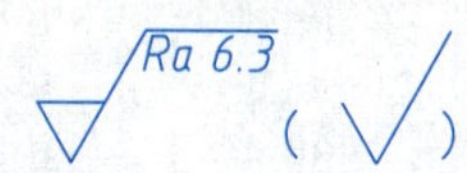

输出轴		比例	1:1		
		数量			
制图		重量		材料	45
描图					
审核					

1. 标出指定线框在其他视图上的投影，并完成填空。

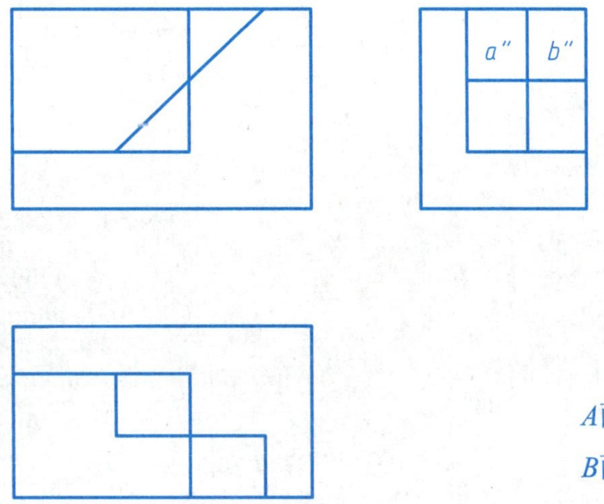

A面是 ________ 面

B面是 ________ 面

2. 补画左视图。

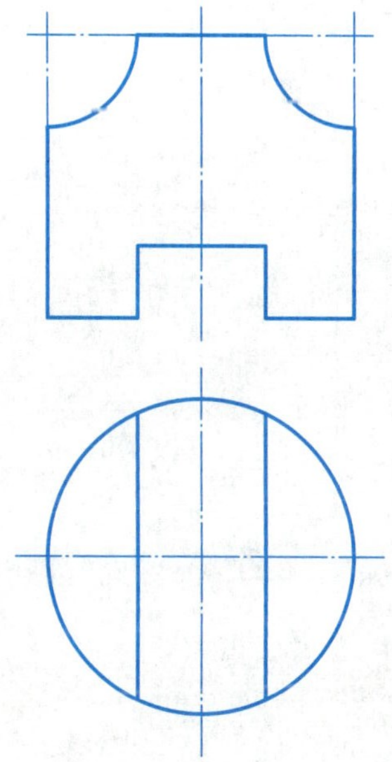

3. 已知两视图，作出俯视图。

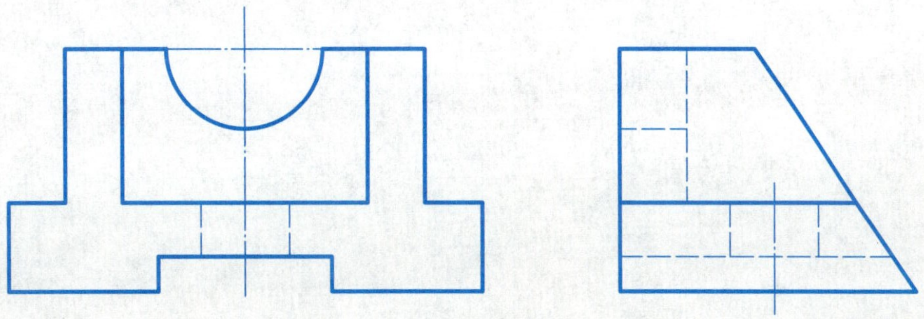

4. 分析螺纹画法中的错误，将正确的画法画在其右边。

5. 求圆柱体与半球的相贯线的V面、W面投影，并标注特殊点。

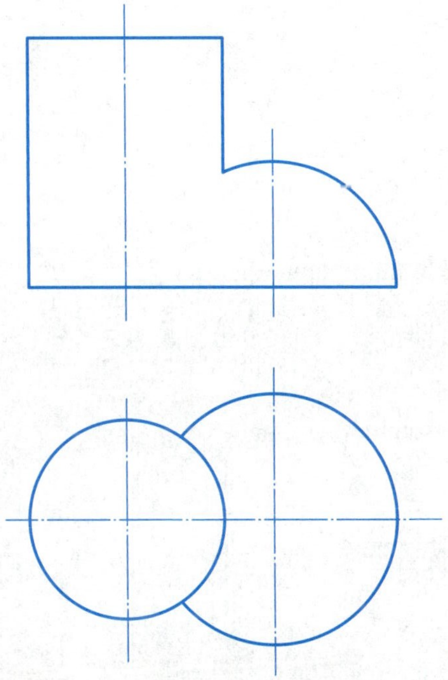

6. 读懂两视图后，补画第三视图。

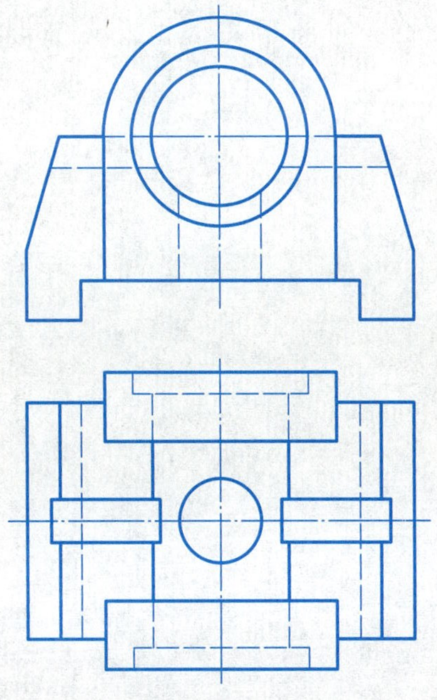

7. 将主视图画成半剖视图，并补画出全剖左视图。

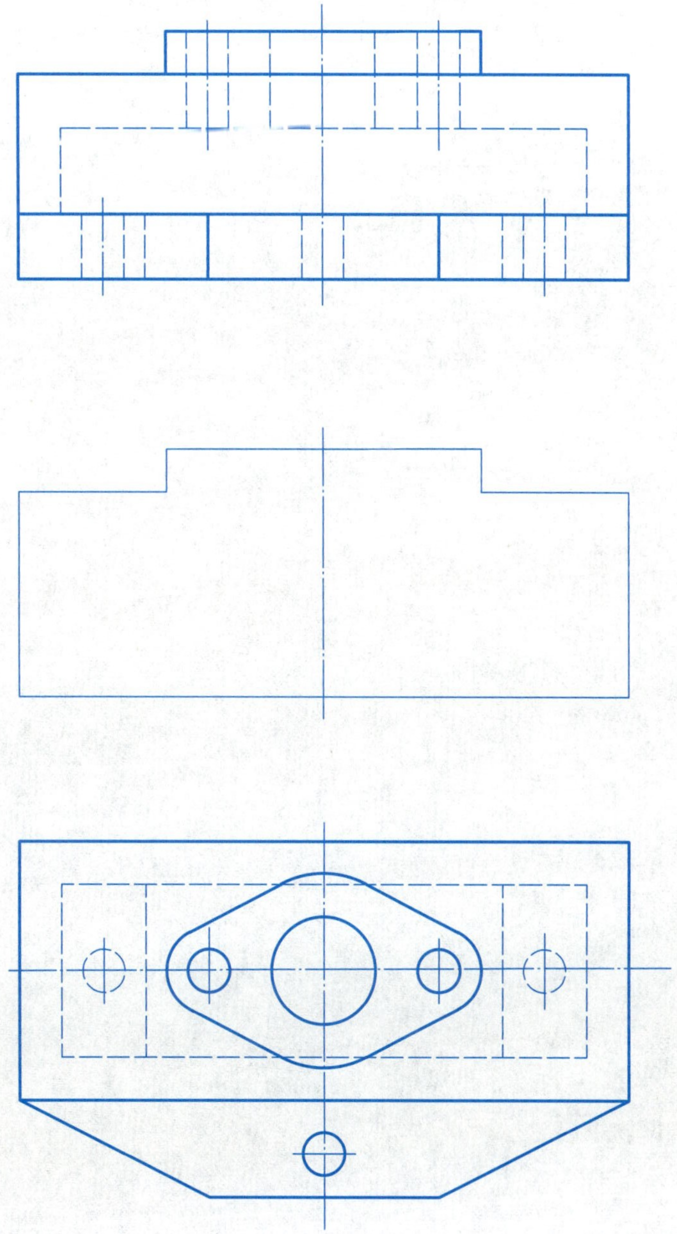

8. 读零件图，想出形状，完成填空。

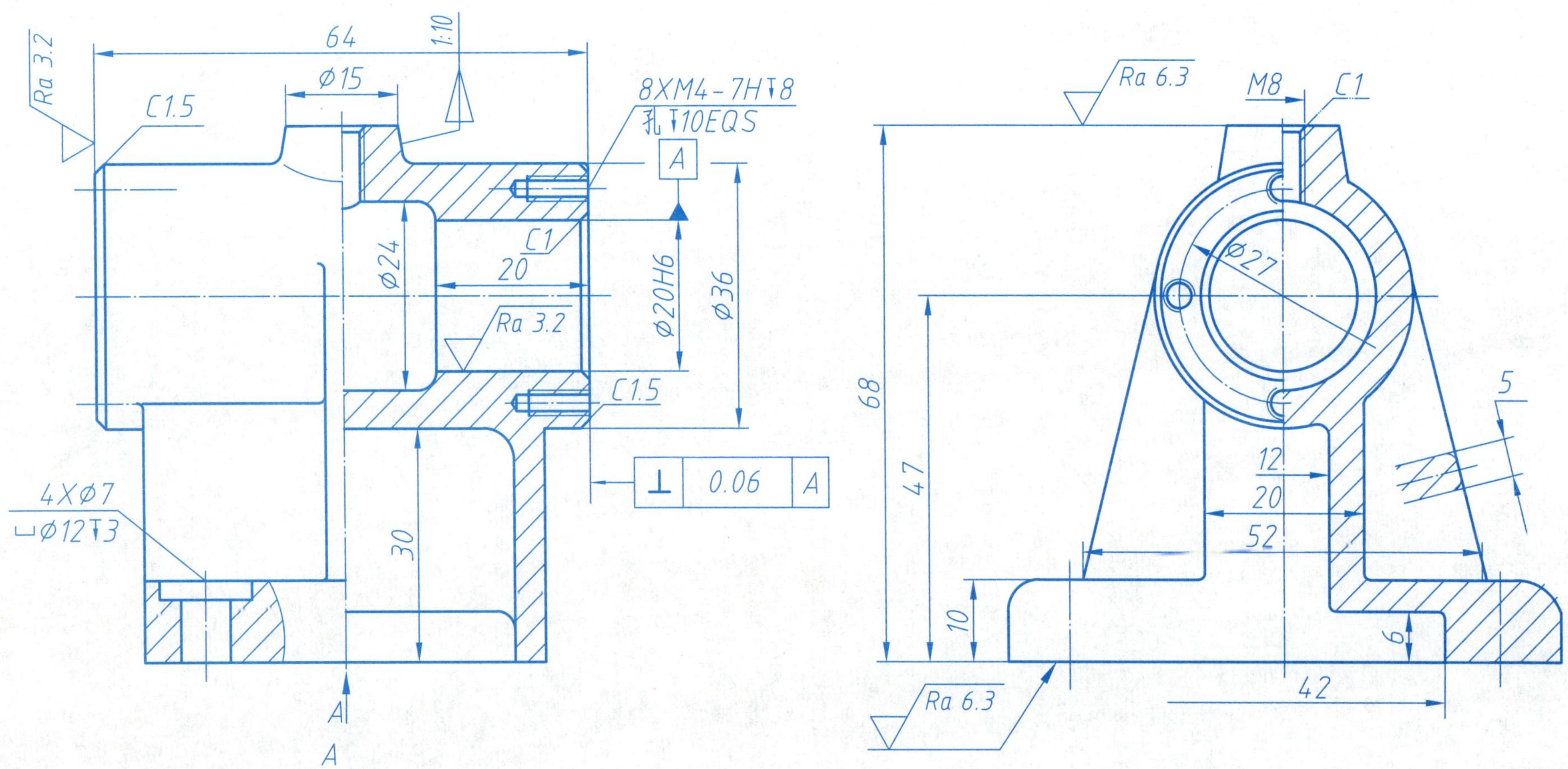

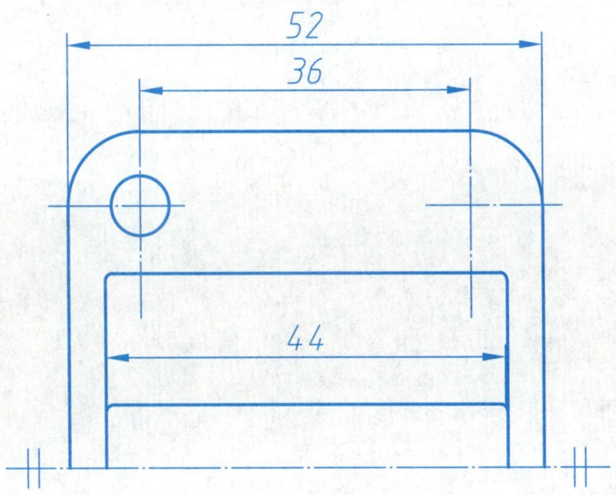

技术要求

1.未注铸造圆角R2～R4。
2.铸件不得有裂纹、砂眼等缺陷。
3.铸造后应去毛刺和锐角倒角。

1.该零件表面粗糙度的要求有________，其中要求最高的Ra是________。
2.该零件上有____个沉孔，定形尺寸为________。
3.该零件有____处螺纹，标记分别是________。
4.解释主视图中用框格所标注的几何公差的含义：
符号“⊥”表示______，“0.03”是_______，
“A”是__________。
5.该零件的名称为______，材料为______，比例为______。

支座		比例	1:1	
		数量		
制图		重量		材料 HT 150
描图				
审核				